尚锦好吃系列

吃馅儿

手工馅料黄金配方

颜金满 著

中国纺织出版社有限公司

作 者 序

　　水饺、煎包、鲜肉包、锅贴以及豆沙包、汤圆等各式各样的中式点心，经常出现在我们的餐桌上，而这些我们三天两头就要尝一回的面点美食，之所以能令人百吃不厌，主要归功于它的核心灵魂——馅料。

　　馅料大致可以分为"咸馅"和"甜馅"。

　　在咸口味的中式面食之中，我们最先联想到的是面条，其次便是水饺、馅饼、包子等家常点心了。虽然现在市面上随时可买到现成或冷冻食品，而如此便捷多样的选择也为现代人提供了极大的便利，但工厂大量制作的冷冻食品，在风味上还是难以与自家手工的品质相比。再忙，妈妈们还是想要亲手烹调出令家人们回味再三的私房口味，无论是正餐还是宵夜，本书的66道咸馅料除了提供丰富多变的选择外，也希望可以成为妈妈们最受用的私房料理。

　　而本书后半部分的77道甜馅料，则是与月饼、蛋黄酥、汤圆等节庆点心密不可分的食材。虽然市面上也能买得到这些甜馅料，但市售产品的口味总是被固定化，而且有些也偏油偏甜。为了健康，同时也想动手做出属于自己的口味，进而与亲朋好友们一起分享，这也是我出版本书的初心。

　　这本书最早在2009年出版，原本已绝版多年，因近年食品安全问题频繁出现，让很多读者有了自己动手做馅料的念头，笔者也应邦联文化邀约，增加了26道新口味的馅料，让书籍内容更丰富。希望书中这些风味各异的馅料，能成为您家中最让人难忘的好滋味！

颜金满

如何使用本书

Ⓐ **馅料名**｜本馅料的中文名称，通常以主材料命名。

Ⓑ **保质期**｜本馅料最鲜美的食用期限，咸馅以冷藏1~2天为限，甜馅则依配方而有不同的保存期限，请参照各甜馅说明。

Ⓒ **分量**｜依配方制作的食用重量。

Ⓓ **材料**｜制作本道馅料所需要的材料及分量。

Ⓔ **调味料**｜制作本道馅料所需要的调味料及分量。

Ⓕ **做法**｜本道馅料的详细制程。

Ⓖ **步骤图**｜本道馅料的实际制作示范照片。

Ⓗ **料理小秘诀**｜说明本道馅料在制作上特别需要留意之处。

Ⓘ **成品数量**｜依本配方制作出来的食用数量。

Ⓙ **保质期**｜本道食谱最新鲜美味的食用期限，非发面类食品如水饺、锅贴等，可在包馅完成后直接冷冻保存，料理时不需解冻；而发面类食品如包子，以及需以烤箱烘烤的点心，必须熟制后再冷冻保存；需趁热食用的点心则建议现做现吃才更美味。

Ⓚ **食谱名**｜本道食谱的中文名称。

Ⓛ **外皮及内馅材料**｜制作本道食谱的外皮及内馅部分所需要的材料及分量。

常用烹调计量单位换算法

★1大匙（T）=3小匙=15毫升，若无大匙，可用一般喝汤的汤匙代替。

★1小匙（t）=1茶匙=5毫升

★1杯（Cup，简写C）=240毫升

★1千克（kg）=1000克（g）

★少许=低于1/8小匙

★适量=依个人喜好酌情使用

材料使用注意事项

★所有生鲜食品请先洗净，并去除不可食用部位后再料理。

★蔬菜类除洗净外也要尽量沥干。法香、迷迭香、茴香、香菜等需用纸巾吸干水分再使用；韭菜及韭黄在加入肉馅后容易出水，所以需于包馅前再切末加入搅拌。

★食谱的材料重量，若以克为单位，代表不含盛装容器（如量杯、钢盆、锅子）的净重，所以称量前必须将空的容器置于电子秤上归零，再放入欲测量的材料。

目录

第1章 咸馅的丰足滋味

第2章 甜馅的浓醇风味

第1章

咸馅的丰足滋味

还记得小时候，家人们围坐在饭桌前，爸爸擀饺子皮、妈妈调馅料，
然后几个"小萝卜头"争相包馅的温馨场景吗？
水一滚，一盘盘有完美也有破肚的水饺，就这么陆续下了锅；
然后随着水汽蒸腾而起的，不仅是那四溢的香气，更是一家人紧密的情感守护。

您怀念儿时一家人团聚包饺子的欢乐与温馨吗？
这是冷冻食品无法带给您的，本书中66款风味各异的咸、甜口味荤素馅料，
将会为您创造出珍贵的回忆。

美味咸馅的 5 大秘密

　　咸口味的面点，几乎都少不了以馅料作为主味觉的表现。虽然说面点外皮的揉制功夫也不可小觑，但最令人回味再三的，还是那汤汁饱满、鲜美可口的内馅了！

　　以咸口味的馅料来说，咸馅大多以肉类（猪、鸡或虾仁等）和蔬菜（圆白菜、大白菜、韭菜等）调制而成，咸馅中除非是素饺子，一般来说，馅料中都会包含肉类、蔬菜等材料。然而大家多少都自己在家包过水饺，不过就是把肉馅、去水后的圆白菜碎和其他调味料拌成肉馅，但为什么自家包的和店面的滋味有时硬是差了一大截？其实馅料虽然看似简单，但其中还是蕴藏了许多"秘密"，稍一不留意就相差甚远了。现在，就让我们来看看咸馅的制作诀窍吧！

秘密 1
good point

肉馅的选用与加工

添加油脂

　　制作咸馅使用的肉类，不外乎猪肉、牛、羊、鸡以及鱼肉、虾仁等，其中猪肉馅以肥瘦适中的梅花肉最佳。猪肉所含的油脂较多，可以直接使用，如果选用后腿瘦肉，就要再添加少量的肥油（猪肉脂肪）来增加滋润度；其余脂肪含量少的肉类，就必须再加添加肥油或是部分油脂含量高的猪肉（如五花肉），口感才不会过于干涩。如果是到传统市场向肉贩购买肉馅时，可以请肉贩连同肥油也一起加入绞碎，不仅不用回家自己花功夫剁，请人代绞肥油与肉类，也混合得比较均匀。

手工再剁一次

　　如果可以的话，请肉贩帮忙将肉馅细绞两次，会使肉类更均匀细致。然而机器毕竟还是无法完取代手工制作的美味，肉馅买回来之后，最好还能自己用菜刀再剁一次，除了彻底斩断肉筋，手工剁肉的动作也能使肉馅产生黏性，这也是肉馅机所无法做到的。如果猪肥油没有请肉贩帮忙绞碎的话，也可以在这时连同肉馅再一起剁，有助于两者均匀混合。

保留口感

　　鱼肉、虾仁是最常用于馅料的海鲜，但因为海鲜快熟且组织不如家畜家禽肉类紧密，如果全部直接绞碎反而会失去馅料应有的口感，所以制作海鲜馅料时，最佳比例是留一半肉剁碎、一半肉切细丁，保留口感即可。

秘密2 good point 蔬菜前处理

与肉类的最佳比例

为了丰富肉馅的口感及风味，通常也会加入蔬菜来搭配。馅料中的肉类及蔬菜比例，约保持在1∶1或2∶1较佳，肉类太多就失去添加蔬菜的意义，而蔬菜太多又会使馅料难以成形（蔬菜素馅就另当别论了）。韭菜类等挤水会失去风味、口感的蔬菜除外，其余诸如圆白菜、大白菜等，均以挤水后重量与肉馅的比例为准。

不可少的加盐去水

蔬菜类要切碎，含水量高的蔬菜还必须用盐腌渍，以去除多余的水分，此举是为避免蔬菜和肉类混合后逐渐出水。馅料水分含量过多时，会难以成形，不易包馅，即使包起来之后，也会使包馅后的外皮因过湿而破裂。

秘密3 good point 搅拌技巧

一把筷子

肉类须先绞碎或切碎，加入调味料拌匀，有了适当咸度再加上不断搅拌，才能达到所谓的"出筋"，肉馅也可留住肉汁，让你一口咬下便觉汤汁饱满。为了使肉类与调味料可以很快混合，用手搅拌是最直接也最能感受肉馅是否出筋黏稠的方法，但如果不想把手弄得油腻腻的，用一把5、6根不等的筷子来搅拌，也能帮助肉馅快速成形。

同方向搅拌

如果希望肉馅能达到黏稠出筋，就得严守朝"同一方向"搅拌的原则。无论是顺时针或逆时针，只要持续朝同一方向搅拌，此时也可摔打肉馅与同方向搅拌交互进行，便能加速肉馅出筋。如果忽顺忽逆的话，搅拌再久还是一团散肉。

不打水的原始美味

所谓的"打水"，便是在搅拌肉馅的过程中，添加少许水分或高汤让肉类吸收，以增添肉馅中水分含量，达到煮后多汁的目的。但如果打水的水分太多，再加上肉馅放置一段时间后，原本靠搅拌而被肉类吸收的水分将会再度释出，反而造成肉馅太湿不好包馅，调味料的味道也会跟着流失。所以本书中的做法均不打水，只要食材选用、搭配得好，一样能做出鲜嫩多汁的肉馅。

秘密4 good point 调味料提鲜

本书肉馅的调制中，均以鸡精为提鲜调味料。然而鸡精的咸味大于鲜度，所以如果你希望能尝到更鲜甜的风味，可将鸡精替换成味精，鲜度将会大大的提升。

秘密5 good point 冷藏好入味

本书中涉及咸馅制作时，都会在肉类搅拌至出筋后，先放冰箱冷藏至少30分钟。这道工序除了能使馅料更加入味并保持湿度外，冷藏后的肉馅油脂会稍微凝固，使馅料更好成形、易于包馅。如果希望更入味的话，也可以冷藏半天以上。

猪肉馅

Basic!

*原味猪肉馅

保质期 | 冷藏1~2天

●材料（分量约700克）

梅花猪肉馅600克

小葱5根

姜泥1大匙

●调味料

酱油2大匙

味醂1.5大匙

米酒1.5大匙

香油1大匙

白胡椒粉1小匙

盐1/2小匙

鸡精少许

01
pork

料理小秘诀

1. 肉馅最好能再手工剁一次，能帮助肉馅更快出现黏性。
2. 没有磨泥器的话，姜也可以用菜刀直接切碎使用。

●做法

1. 猪肉馅、姜泥与全部调味料放入大碗中（图1）。

2. 用一把筷子或手以同方向搅拌均匀，直到肉馅出现黏性，再加入葱花搅拌均匀，放入冰箱冷藏30分钟即为馅料（图2~图4）。

1

2

3

4
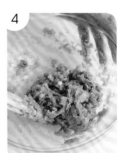

圆白菜猪肉馅

保质期 | 冷藏1~2天

● 材料（分量约1000克）

梅花猪肉馅400克
圆白菜1200克
小葱4根
姜泥1大匙

● 调味料

酱油2大匙
味醂1.5大匙
米酒1.5大匙
香油1大匙
盐1/2小匙
鸡精少许

● 做法

1. 圆白菜用刨丝器刨碎或切成细碎，加入1.5大匙盐（分量外）搓揉使其出水，腌渍20~30分钟。

2. 猪肉馅、姜泥与全部调味料放入大碗中，用一把筷子或手以同方向搅拌至有黏性，再加入葱花搅拌均匀，放入冰箱冷藏30分钟。

3. 将圆白菜挤干水分，加入做法2的猪肉馅中拌匀，即为馅料。

料理小秘诀

1. 若要作为饺子内馅时，圆白菜需切细碎，作为包子馅时圆白菜则可切得略粗，口感较佳。
2. 不喜欢猪肉太多可减少200克，其余配方相同，但煮好的肉馅会不扎实。

韭菜猪肉馅

保质期 | 冷藏1~2天

● 材料（分量约1200克）

梅花猪肉馅600克
韭菜600克
姜泥1大匙

● 调味料

酱油2大匙
香油1大匙
米酒2大匙
味醂2大匙
白胡椒粉1小匙
盐1/4小匙
鸡精1/4小匙

● 做法

1. 猪肉馅、姜泥与全部调味料放入大碗中，用一把筷子或手以同方向搅拌至有黏性，放入冰箱冷藏30分钟。

2. 韭菜切末，包馅前再加入做法1的猪肉馅中轻轻拌匀，即为馅料。

料理小秘诀

韭菜用于制作馅料时较易出水，所以不宜搅拌过久，要料理之前再将韭菜加入肉馅轻拌即可。

番茄猪肉馅

保质期 ┃ 冷藏1~2天

● 材料（分量约900克）

梅花猪肉馅400克、番茄600克、洋葱（中）1个、小葱3根

● 调味料

酱油1大匙、香油1大匙、米酒2大匙、味酥2大匙、白胡椒粉1小匙、盐1/4小匙、鸡精1/4小匙

● 做法

1. 洋葱去皮，切细丁；番茄去除蒂头，在底部划十字刀备用。

2. 将番茄放入滚水中汆烫去皮后，切开去籽再切成细丁，沥除多余水分备用。

3. 猪肉馅、全部调味料放入大碗中，用一把筷子或手以同方向搅拌至有黏性，再加入葱花搅拌均匀，放入冰箱冷藏30分钟。

4. 将番茄丁、洋葱丁加入做法3的猪肉馅中拌匀，即为馅料。

04
pork

猪肉豆干馅

保质期 ┃ 冷藏1~2天

● 材料（分量约1000克）

梅花猪肉馅600克、五香豆干300克、干香菇6朵、小葱5根、姜泥1大匙

● 调味料

A酱油1大匙、味酥2大匙、米酒2大匙、香油1大匙、白胡椒粉1小匙、盐1/4小匙、鸡精1/4小匙
B酱油1大匙、味酥1大匙、白胡椒粉1/2小匙、盐1/4小匙、鸡精1/4小匙

● 做法

1. 香菇泡水至软后切细丁；豆干先横片成2~3片，切细丝后再切成细丁备用。

2. 猪肉馅、姜泥与全部调味料A放入大碗中，用一把筷子或手以同方向搅拌至有黏性，再加入葱花搅拌均匀，放入冰箱冷藏30分钟。

3. 锅中放入2大匙菜籽油（分量外），以中火将香菇丁爆香后，加入豆干丁略炒片刻，加入半碗水（分量外）与全部调味料B，以小火煮至水分收干，取出待凉。

4. 将冷却的香菇豆干，加入做法2的猪肉馅中拌匀，即为馅料。

05
pork

料理小秘诀
番茄汆烫可使外皮较容易剥除。

大白菜猪肉馅

保质期 | 冷藏1~2天

● **材料**（分量约1600克）

梅花猪肉馅600克、大白菜1800克、小葱5根、姜泥2大匙

● **调味料**

A 盐1/4小匙、鸡精1/4小匙、白胡椒粉1/4小匙、香油1/4小匙

B 酱油1大匙、味醂2大匙、米酒2大匙、香油1大匙、白胡椒粉1小匙、盐1/4小匙、鸡精1/4小匙

● **做法**

1. 将大白菜一片一片放入滚水中汆烫，捞起放入冷水中漂凉，挤干水分切碎后，再次挤干水分，加入全部调味料A拌匀。
2. 猪肉馅、姜泥与全部调味料B放入大碗中，用一把筷子或手以同方向搅拌至有黏性，再加入葱花搅拌均匀，放入冰箱冷藏30分钟。
3. 将大白菜碎加入做法2的猪肉馅中拌匀，即为馅料。

泡菜猪肉馅

保质期 | 冷藏1~2天

● **做法**

1. 将泡菜的酱汁挤干后切细丝，剁碎后再次挤干水分备用。
2. 猪肉馅、姜泥与全部调味料放入大碗中，用一把筷子或手以同方向搅拌至有黏性，再加入葱花搅拌均匀，放入冰箱冷藏30分钟。
3. 韭菜切末备用。
4. 将泡菜碎加入做法2的猪肉馅中拌匀，包馅前再加入韭菜末轻轻拌匀，即为馅料。

● **材料**（分量约1100克）

梅花猪肉馅600克、韩国白菜泡菜600克、韭菜100克、小葱2根、姜泥1大匙

● **调味料**

酱油1大匙、味醂2大匙、米酒2大匙、香油1大匙、白胡椒粉1小匙、盐1/4小匙、鸡精1/4小匙

酸菜猪肉馅

保质期 | 冷藏1~2天

● **材料**（分量约850克）

梅花猪肉馅600克、酸菜400克、小葱3根、姜泥1大匙

● **调味料**

酱油1大匙、味醂2大匙、米酒2大匙、香油1大匙、白胡椒粉1小匙、盐1/4小匙、鸡精1/4小匙

● **做法**

1. 酸菜以水浸泡20~30分钟去除盐分，洗净并沥干水分，切细丁后挤干水分（勿完全挤干）备用。
2. 猪肉馅、姜泥与全部调味料放入大碗中，用一把筷子或手以同方向搅拌至有黏性，再加入葱花搅拌均匀，放入冰箱冷藏30分钟。
3. 将酸菜加入做法2的猪肉馅中拌匀，即为馅料。

梅干菜猪肉馅

保质期 | 冷藏1~2天

● 材料（分量约1000克）

梅花猪肉馅600克、梅干菜400克、小葱5根、姜泥1大匙

● 调味料

A酱油1大匙、味醂2大匙、米酒2大匙、香油1大匙、白胡椒粉1小匙、盐1/4小匙、鸡精1/4小匙

B酱油1大匙、味醂1大匙、冰糖2大匙、白胡椒粉1小匙

● 做法

1. 将梅干菜充分洗净去砂，泡水20分钟去除盐分，沥干水分后切碎，再次挤干水分（勿完全挤干）。

2. 猪肉馅、姜泥与全部调味料A放入大碗中，用一把筷子或手以同方向搅拌至有黏性，再加入葱花搅拌均匀，放入冰箱冷藏30分钟。

3. 锅中放入2大匙菜籽油（分量外），以中火加热炒香梅干菜后，加入1碗水（分量外）与全部调味料B，以小火煮至水分收干，取出待凉。

4. 将冷却的梅干菜，加入做法2的猪肉馅中拌匀，即为馅料。

竹笋猪肉馅

保质期 | 冷藏1~2天

● 材料（分量约1000克）

梅花猪肉馅400克、沙拉竹笋400克、干香菇8朵、虾米20克、小葱5根、姜泥1大匙

● 调味料

A酱油1大匙、味醂2大匙、米酒2大匙、香油1大匙、白胡椒粉1小匙、盐1/4小匙、鸡精1/4小匙

B酱油1大匙、味醂1大匙、白胡椒粉1/2小匙、盐1/4小匙、鸡精1/4小匙

● 做法

1. 干香菇、虾米分别泡水至软，香菇去蒂切细丁；虾米、竹笋分别切细丁备用。

2. 猪肉馅、姜泥与全部调味料A放入大碗中，用一把筷子或手以同方向搅拌至有黏性，再加入葱花搅拌均匀，放入冰箱冷藏30分钟。

3. 锅中放入2大匙菜籽油（分量外），以中火加热将香菇丁与虾米丁爆香后，加入竹笋丁略炒片刻，加入1碗水（分量外）与全部调味料B，以小火煮至水分收干，取出待凉。

4. 将冷却的竹笋香菇，加入做法2的猪肉馅中拌匀，即为馅料。

咖喱杏鲍菇猪肉馅

保质期 | 冷藏1~2天

●材料（分量约1000克）

梅花猪肉馅600克、洋葱（中）1.5个、杏鲍菇（大）4根

●调味料

咖喱粉3大匙、酱油1大匙、味醂2大匙、米酒2大匙、香油1大匙、白胡椒粉1小匙、盐1/4小匙、鸡精1/4小匙

●做法

1. 洋葱去皮切细丁，杏鲍菇切细丁备用。

2. 将杏鲍菇放入滚水中汆烫，捞出后沥干水分。

3. 猪肉馅与全部调味料放入大碗中，用一把筷子或手以同方向搅拌至有黏性，放入冰箱冷藏30分钟。

4. 锅中放入2大匙菜籽油以中火加热，洋葱丁入锅炒软，加入杏鲍菇丁拌炒至软化，即取出待凉。

5. 将冷却后的洋葱丁与杏鲍菇丁，加入做法3的猪肉馅拌匀，即为馅料。

料理小秘诀

亦可使用新鲜玉米粒，但须先汆烫煮熟，否则包在馅料中烹煮时不易熟透。

12 玉米猪肉馅
pork

保质期 | 冷藏1~2天

●材料（分量约800克）

梅花猪肉馅600克、玉米粒罐头600克、小葱5根

●调味料

酱油1大匙、味醂2大匙、米酒2大匙、香油1大匙、白胡椒粉1小匙、盐1/4小匙、鸡精1/4小匙

●做法

1. 将玉米罐头的水分沥干备用。

2. 猪肉馅与全部调味料放入大碗中，用一把筷子或手以同方向搅拌至有黏性，再加入葱花搅拌均匀，放入冰箱冷藏30分钟。

3. 将玉米粒加入做法2的猪肉馅中拌匀，即为馅料。

13 pork 培根法香猪肉馅

保质期 | 冷藏1~2天

●材料（分量约800克）

梅花猪肉馅500克
培根8片
洋葱1个
新鲜法香30克

●调味料

酱油1大匙
味醂1.5大匙
米酒1.5大匙
香油1大匙
盐1/4小匙
鸡精少许
白胡椒粉1小匙

●做法

1. 洋葱去皮切细丁，法香切碎，培根切细丁备用。

2. 猪肉馅与全部调味料放入大碗中，用一把筷子或手以同方向搅拌至有黏性，放入冰箱冷藏30分钟。

3. 将洋葱丁、法香碎加入做法2的猪肉馅中拌匀，再加入培根丁拌匀，即为馅料。

西葫芦猪肉馅

保质期 | 冷藏1～2天

14
pork

● 做法

1. 西葫芦去皮切成4块，刨丝后加入1/2大匙盐（分量外）搓揉，腌渍约30分钟使其出水，再将水分挤干备用。

2. 猪肉馅与全部调味料放入大碗中，用一把筷子或手以同方向搅拌至有黏性，再加入葱花搅拌均匀，放入冰箱冷藏30分钟。

3. 将挤干的西葫芦丝，加入做法2的猪肉馅中拌匀，即为馅料。

● 材料（分量约800克）

梅花猪肉馅400克、西葫芦600克、小葱3根

● 调味料

酱油1大匙、味醂2大匙、米酒2大匙、香油1大匙、白胡椒粉1小匙、盐1/4小匙、鸡精1/4小匙

西葫芦与白萝卜请以中等孔径刨丝，太粗影响口感，太细则煮后容易变得过于软烂。

白萝卜香菜猪肉馅

保质期 | 冷藏1～2天

15
pork

● 材料（分量约1000克）

梅花猪肉馅600克、白萝卜600克、香菜300克、小葱2根、姜泥1大匙

● 调味料

酱油1大匙、味醂2大匙、米酒2大匙、香油1大匙、白胡椒粉1小匙、盐1/4小匙、鸡精1/4小匙

● 做法

1. 香菜切碎；白萝卜去皮、刨丝后，加入1/2大匙盐（分量外）搓揉，腌渍约30分钟使其出水，挤干水分备用。

2. 猪肉馅、姜泥与全部调味料放入大碗中，用一把筷子或手以同方向搅拌至有黏性，再加入葱花搅拌均匀，放入冰箱冷藏30分钟。

3. 将挤干的萝卜丝、香菜碎，加入做法2的猪肉馅中拌匀，即为馅料。

● 材料（分量约900克）

梅花猪肉馅400克、蘑菇100克、比萨奶酪丝200克、洋葱（中）1个、小葱3根

● 调味料

酱油1大匙、味醂2大匙、米酒2大匙、香油1大匙、白胡椒粉1小匙、盐1/4小匙、鸡精1/4小匙

奶酪猪肉馅

保质期 | 冷藏1～2天

● 做法

1. 洋葱去皮切细丁，蘑菇切细丁备用。

2. 猪肉馅与全部调味料放入大碗中，用一把筷子或手以同方向搅拌至有黏性，再加入葱花搅拌均匀，放入冰箱冷藏30分钟。

3. 将洋葱丁、蘑菇丁加入做法2的猪肉馅中拌匀，再加入奶酪丝拌匀，即为馅料。

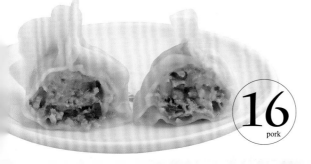

16
pork

● 材料（分量约700克）

梅花猪肉馅400克
沙拉竹笋100克
干香菇8朵
小葱5根
姜泥1大匙

● 调味料

A 红曲酱3大匙
酱油1大匙
味醂2大匙
绍兴酒2大匙
香油1大匙
白胡椒粉1小匙
盐1/4小匙
鸡精1/4小匙
B 酱油1大匙
味醂1大匙
白胡椒粉1/2小匙
盐1/4小匙
鸡精1/4小匙

红曲猪肉馅

保质期 | 冷藏1~2天

● 做法

1. 香菇泡水至软，去蒂切细丁；竹笋切细丁备用。

2. 猪肉馅、姜泥与全部调味料A放入大碗中，用一把筷子或手以同方向搅拌至有黏性，再加入葱花搅拌均匀，放入冰箱冷藏30分钟。

3. 锅中放入2大匙菜籽油（分量外），以中火加热将香菇爆香后，加入竹笋丁略炒片刻，加入1碗水（分量外）与全部调味料B，以小火煮至水分收干，取出待凉。

4. 将冷却的竹笋香菇，加入做法2的猪肉馅中拌匀，即为馅料。

酸白菜猪肉馅

保质期 ｜ 冷藏1~2天

● 做法

1. 青蒜切末；酸白菜洗净后沥干水分，切丝后切碎，再次挤干水分备用。
2. 猪肉馅、姜泥与全部调味料放入大碗中，用一把筷子或手以同方向搅拌至有黏性，再加入葱花、青蒜末搅拌均匀，放入冰箱冷藏30分钟。
3. 将酸白菜碎加入做法2的猪肉馅中拌匀，即为馅料。

● 材料（分量约1000克）

梅花猪肉馅600克、酸白菜600克、小葱2根、青蒜2根、姜泥1大匙

● 调味料

酱油1大匙、味醂2大匙、米酒2大匙、香油1大匙、白胡椒粉1小匙、盐1/4小匙、鸡精1/4小匙

猪肉馅

韭黄猪肉馅

保质期 ｜ 冷藏1~2天

● 材料（分量约1300克）

梅花猪肉馅600克、韭黄600克、姜泥1大匙

● 调味料

酱油2大匙、味醂1.5大匙、米酒1.5大匙、香油1大匙、盐1/2小匙、鸡精少许

● 做法

1. 猪肉馅、姜泥与全部调味料放入大碗中，用一把筷子或手以同方向搅拌至有黏性，放入冰箱冷藏30分钟。
2. 韭黄切末，包馅前再加入做法1的猪肉馅中轻轻拌匀，即为馅料。

料理小秘诀

韭黄用于制作馅料时易出水，所以不宜搅拌过久，包馅之前再加入轻拌即可。

蚝油猪肉馅

保质期 ｜ 冷藏1~2天

● 材料（分量约700克）

梅花猪肉馅600克、小葱5根、姜泥1大匙

● 调味料

蚝油1大匙、味醂2大匙、米酒2大匙、香油1大匙、白胡椒粉1小匙、盐1/4小匙、鸡精1/4小匙

● 做法

1. 猪肉馅、姜泥与全部调味料放入大碗中，用一把筷子或手以同方向搅拌至有黏性。
2. 加入葱花搅拌均匀，放入冰箱冷藏30分钟，即为馅料。

奶酪马铃薯猪肉馅

保质期 ｜ 冷藏1~2天

● 材料（分量约1150克）

梅花猪肉馅500克
比萨奶酪丝200克
马铃薯2个
洋葱1个
小葱2根

● 调味料

酱油1大匙
味醂1.5大匙
米酒1.5大匙
香油1大匙
盐1/2小匙
白胡椒粉1小匙
鸡精少许

● 做法

1. 马铃薯去皮刨粗丝，洋葱去皮切细丁，备用。
2. 将马铃薯丝放入滚水中汆烫，捞起放入冷水中漂凉，沥干水分备用。
3. 猪肉馅与全部调味料放入大碗中，用一把筷子或手以同方向搅拌至有黏性，再加入葱花搅拌均匀，放入冰箱冷藏30分钟。
4. 将洋葱丁、马铃薯丝与比萨奶酪丝加入做法3的猪肉馅中拌匀，即为馅料。

21 pork

韭黄虾皮猪肉馅

保质期 ｜ 冷藏1~2天

● 材料（分量约1100克）

梅花猪肉馅600克
韭黄400克
虾皮50克
小葱2根
姜泥1大匙

● 调味料

酱油2大匙
味醂1.5大匙
米酒1.5大匙
香油1大匙
盐1/2小匙
白胡椒粉1小匙
鸡精少许

料理小秘诀
虾皮可先用干锅炒过，香气会更加浓郁。

22 pork

● 做法

1. 猪肉馅、姜泥与全部调味料放入大碗中，用一把筷子或手以同方向搅拌至有黏性，再加入葱花搅拌均匀，放入冰箱冷藏30分钟。
2. 韭黄切末备用。
3. 将虾皮加入做法1的猪肉馅中，包馅前再加入韭黄末轻轻拌匀，即为馅料。

pork 23 # 香菇干贝猪肉馅

保质期 │ 冷藏1～2天

● 材料（分量约1000克）

梅花猪肉馅600克
鲜香菇300克
干贝6粒
小葱3根
姜泥1大匙

● 调味料

A 米酒1小匙
　小葱1根
B 酱油2大匙
　味醂1.5大匙
　米酒1.5大匙
　香油1大匙
　盐1/2小匙
　白胡椒粉1小匙
　鸡精少许

● 做法

1. 干贝洗净后置于碗中，加入全部调味料A与适量水至可盖过干贝，放入锅中蒸熟；将干贝取出待凉后，剥丝备用。

2. 香菇放入滚水中汆烫，捞起沥干水分，切细丁备用。

3. 猪肉馅、姜泥与全部调味料B放入大碗中，用一把筷子或手以同方向搅拌至有黏性，再加入葱花搅拌均匀，放入冰箱冷藏30分钟。

4. 将干贝丝、香菇丁加入做法3的猪肉馅中拌匀，即为馅料。

24 pork 剥皮辣椒猪肉馅

保质期 | 冷藏1～2天

●材料（分量约800克）
梅花猪肉馅600克
剥皮辣椒200克
小葱5根

●调味料
酱油1大匙
味醂2大匙
米酒2大匙
香油1大匙
白胡椒粉1小匙
盐1/4小匙
鸡精1/4小匙

●做法
1. 将剥皮辣椒沥干水分后切碎备用。
2. 猪肉馅与全部调味料放入大碗中，用一把筷子或手以同方向搅拌至有黏性，再加入葱花搅拌均匀，放入冰箱冷藏30分钟。
3. 将剥皮辣椒碎加入做法2的猪肉馅中拌匀，即为馅料。

25 pork 西蓝花猪肉馅

保质期 | 冷藏1~2天

● 材料（分量约1000克）

梅花猪肉馅600克、西蓝花400克、小葱5根、姜泥2大匙

● 调味料

A酱油1大匙、味醂2大匙、米酒2大匙、香油1大匙、白胡椒粉1小匙、盐1/4小匙、鸡精1/4小匙

B盐1/4小匙、鸡精1/4小匙、白胡椒粉1/4小匙、香油1/4小匙

● 做法

1. 将西蓝花削除茎的外皮，切小朵，放入滚水中氽烫，捞起放入冰水中泡凉，沥干水分后切碎备用。

2. 猪肉馅、姜泥与全部调味料A放入大碗中，用一把筷子或手以同方向搅拌至有黏性，再加入葱花搅拌均匀，放入冰箱冷藏30分钟。

3. 将西蓝花碎、调味料B加入做法2的猪肉馅中拌匀，即为馅料。

猪肉馅

料理小秘诀

1. 西蓝花氽烫后泡凉，有定色的效果，使西蓝花颜色较鲜绿。

2. 因加西蓝花会稀释咸度，做法3还要再加调味料。

26 pork 香椿猪肉馅

保质期 | 冷藏1~2天

● 做法

1. 香椿切碎备用。

2. 猪肉馅、姜泥与全部调味料放入大碗中，用一把筷子或手以同方向搅拌至有黏性，再加入葱花搅拌均匀，放入冰箱冷藏30分钟。

3. 将香椿碎加入做法2的猪肉馅中拌匀，即为馅料。

● 材料（分量约600克）

梅花猪肉馅400克、香椿200克、小葱1根、姜泥2大匙

● 调味料

酱油1大匙、味醂1大匙、米酒1大匙、香油1大匙、白胡椒粉1小匙、盐1/4小匙、鸡精1/4小匙

XO酱猪肉馅

保质期 | 冷藏1~2天

● 材料（分量约700克）

梅花猪肉馅500克、小葱5根

● 调味料

A酱油1大匙、味醂2大匙、米酒2大匙、香油1大匙、白胡椒粉1小匙、盐1/4小匙、鸡精1/4小匙

BXO酱200克

● 做法

1. 猪肉馅与全部调味料A放入大碗中，用一把筷子或手以同方向搅拌至有黏性，再加入葱花搅拌均匀，放入冰箱冷藏30分钟。

2. XO酱沥干油分，加入做法1的猪肉馅中拌匀，即为馅料。

27 pork

牛肉馅

Basic!

❋原味牛肉馅

保质期 ｜ 冷藏1~2天

28
beef

● 材料（分量约800克）

牛肉馅600克、猪肥油100克、小葱5根、姜泥1大匙

● 调味料

酱油1大匙、味醂2大匙、米酒2大匙、香油1大匙、白胡椒粉1小匙、盐1/4小匙、鸡精1/4小匙

● 做法

1. 猪肥油用菜刀剁碎备用。
2. 牛肉馅、猪肥油碎、姜泥与全部调味料放入大碗中，用一把筷子或手以同方向搅拌至有黏性，再加入葱花搅拌均匀，放入冰箱冷藏30分钟，即为馅料。

料理小秘诀

1. 牛肉馅油脂较少，口感较涩，添加适量猪肥油会使口感较为滑顺。
2. 猪肥油亦可用50克的香油或其他液体油代替。

29
beef

白萝卜牛肉馅

保质期 ｜ 冷藏1~2天

● 材料（分量约1300克）

牛肉馅600克、猪肥油100克、白萝卜1200克、香菜30克、大葱5根、姜泥1大匙

● 调味料

酱油1大匙、味醂2大匙、米酒2大匙、香油1大匙、白胡椒粉1小匙、盐1/4小匙、鸡精1/4小匙

● 做法

1. 猪肥油用菜刀剁碎，香菜切末，备用。
2. 白萝卜去皮，以中等孔径刨丝后，加入1.5大匙盐（分量外）搓揉，腌渍约半小时使其出水，挤干水分后切小段备用。
3. 牛肉馅、猪肥油碎、姜泥与全部调味料放入大碗中，用一把筷子或手以同方向搅拌至有黏性，再加入葱花、香菜末搅拌均匀，放入冰箱冷藏30分钟。
4. 将白萝卜丝加入做法3的牛肉馅中拌匀，即为馅料。

茴香牛肉馅

保质期 ｜ 冷藏1~2天

牛肉馅

●材料（分量约1100克）

牛肉馅600克
猪肥油100克
茴香300克
小葱5根
姜泥1大匙

●调味料

酱油1大匙
味酥2大匙
米酒2大匙
香油1大匙
白胡椒粉1小匙
盐1/4小匙
鸡精1/4小匙

●做法

1. 猪肥油用菜刀剁碎；茴香去除较老的梗叶，切末备用。
2. 牛肉馅、猪肥油碎、姜泥与全部调味料放入大碗中，用一把筷子或手以同方向搅拌至有黏性，再加入葱花搅拌均匀，放入冰箱冷藏30分钟。
3. 将茴香末加入做法2的牛肉馅中拌匀，即为馅料。

四季豆牛肉馅

保质期 ｜ 冷藏1~2天

●材料（分量约1100克）

牛肉馅600克
猪肥油100克
四季豆300克
小葱5根
姜泥1大匙

●调味料

酱油1大匙
味酥2大匙
米酒2大匙
香油1大匙
白胡椒粉1小匙
盐1/4小匙
鸡精1/4小匙

●做法

1. 猪肥油用菜刀剁碎备用。
2. 去除四季豆蒂头，备一锅滚水加少许盐（分量外），放入四季豆汆烫后，捞起放入冰水冷却，取出切细丁备用。
3. 牛肉馅、猪肥油碎、姜泥与全部调味料放入大碗中，用一把筷子或手以同方向搅拌至有黏性，再加入葱花搅拌均匀，放入冰箱冷藏30分钟。
4. 将四季豆丁加入做法3的牛肉馅中拌匀，即为馅料。

竹笋牛肉馅

保质期 │ 冷藏1~2天

●材料（分量约1100克）

牛肉馅600克
猪肥油100克
竹笋2根
干香菇5朵
小葱5根
姜泥1大匙

●调味料

A酱油1大匙、味醂2大匙、米酒2大匙、香油1大匙、白胡椒粉1小匙、盐1/4小匙、鸡精1/4小匙
B酱油1大匙、味醂1大匙、白胡椒粉1/2小匙、盐1/4小匙、鸡精1/4小匙

●做法

1. 猪肥油用菜刀剁碎；香菇泡水至软，去蒂切细丁；竹笋切细丁备用。
2. 牛肉馅、猪肥油碎、姜泥与全部调味料A放入大碗中，用一把筷子或手以同方向搅拌至有黏性，再加入葱花搅拌均匀，放入冰箱冷藏30分钟。
3. 锅中放入2大匙菜籽油（分量外），以中火加热将香菇爆香后，加入竹笋丁略炒片刻，加入1碗水（分量外）与全部调味料B，以小火煮至水分收干，取出待凉。
4. 将冷却的竹笋香菇，加入做法2的牛肉馅中拌匀，即为馅料。

32
beef

竹笋

芹菜

33
beef

芹菜牛肉馅

保质期 │ 冷藏1~2天

●材料（分量约1200克）

牛肉馅600克
猪肥油100克
芹菜400克
小葱5根
姜泥1大匙

●调味料

酱油1大匙
味醂2大匙
米酒2大匙
香油1大匙
白胡椒粉1小匙
盐1/4小匙
鸡精1/4小匙

●做法

1. 猪肥油用菜刀剁碎；芹菜摘除叶片，梗切末备用。
2. 牛肉馅、猪肥油碎、姜泥与全部调味料放入大碗中，用一把筷子或手以同方向搅拌至有黏性，再加入葱花搅拌均匀，放入冰箱冷藏30分钟。
3. 将芹菜末加入做法2的牛肉馅中拌匀，即为馅料。

黄芥末洋葱牛肉馅

保质期 | 冷藏1~2天

● 材料（分量约800克）

牛肉馅500克、猪肥油100克、洋葱1个、小葱5根、姜泥1大匙

● 调味料

黄芥末酱3大匙、酱油1大匙、味醂2大匙、米酒2大匙、香油1大匙、白胡椒粉1小匙盐1/4小匙、鸡精1/4小匙

● 做法

1. 猪肥油用菜刀剁碎；洋葱去皮，切细丁备用。

2. 牛肉馅、猪肥油碎、姜泥与全部调味料放入大碗中，以同方向搅拌至有黏性，再加入葱花搅拌均匀，放入冰箱冷藏30分钟。

3. 将洋葱丁加入做法2的牛肉馅中拌匀，即为馅料。

34 beef

黄芥末洋葱

蘑菇

35 beef

蘑菇牛肉馅

保质期 | 冷藏1~2天

● 材料（分量约1000克）

牛肉馅500克、猪肥油100克、蘑菇300克、洋葱1/2个、小葱4根、姜泥1大匙

● 调味料

酱油1大匙、味醂2大匙、米酒2大匙、香油1大匙、白胡椒粉1小匙、盐1/2小匙、鸡精1/4小匙

● 做法

1. 猪肥油用菜刀剁碎；蘑菇放入滚水汆烫，捞起沥干水分，切细丁；洋葱去皮切细丁备用。

2. 牛肉馅、猪肥油碎、姜泥与全部调味料放入大碗中，用一把筷子或手以同方向搅拌至有黏性，再加入葱花搅拌均匀，放入冰箱冷藏30分钟。

3. 将蘑菇丁、洋葱丁加入做法2的牛肉馅中拌匀，即为馅料。

羊 肉 馅

Basic!
✱原味羊肉馅

保质期 | 冷藏1~2天

36
mutton

●材料（分量约800克）

羊肉600克
猪肥油100克
小葱3根
姜泥1大匙

●调味料

酱油2大匙
味醂1.5大匙
米酒1.5大匙
香油1大匙
盐1/2小匙
白胡椒粉1.5小匙
鸡精少许

●做法

1. 羊肉与猪肥油一起放入食物调理机中绞碎，盛入容器中备用。

2. 将羊肉馅、姜泥与全部调味料放入大碗中，用一把筷子或手以同方向搅拌至有黏性，再加入葱花搅拌均匀，放入冰箱冷藏30分钟，即为馅料。

迷迭香羊肉馅

保质期 | 冷藏1~2天

● 材料（分量约900克）

羊肉600克、猪肥油100克、洋葱（中）1个、新鲜迷迭香20克、小葱2根、姜泥1大匙

● 调味料

酱油2大匙、味醂1.5大匙、米酒1.5大匙、香油1大匙、盐1/2小匙、白胡椒粉1.5小匙、鸡精少许

● 做法

1. 洋葱去皮切细丁；迷迭香摘下叶子切碎备用。
2. 羊肉与猪肥油一起放入食物调理机中绞碎，盛入容器中备用。
3. 将羊肉馅、姜泥与全部调味料放入大碗中，用一把筷子或手以同方向搅拌至有黏性，再加入葱花搅拌均匀，放入冰箱冷藏30分钟。
4. 将洋葱丁、迷迭香碎加入做法3的羊肉馅中拌匀，即为馅料。

迷迭香 37 mutton

38 mutton 孜然

孜然羊肉馅

保质期 | 冷藏1~2天

● 材料（分量约900克）

羊肉600克、猪肥油100克、洋葱（中）1个、小葱2根、姜泥1大匙

● 调味料

孜然粉1小匙、酱油2大匙、味醂1.5大匙、米酒1.5大匙、香油1大匙、盐1/2小匙、鸡精少许、白胡椒粉1.5小匙

● 做法

1. 洋葱去皮切细丁备用。
2. 羊肉与猪肥油一起放入食物调理机中绞碎，盛入容器中备用。
3. 将羊肉馅、姜泥与全部调味料放入大碗中，用一把筷子或手以同方向搅拌至有黏性，再加入葱花搅拌均匀，放入冰箱冷藏30分钟。
4. 将洋葱丁加入做法3的羊肉馅中拌匀，即为馅料。

鸡肉馅

Basic!

✽原味鸡肉馅

保质期 ｜ 冷藏1～2天

39
chicken

● 材料（分量约800克）

鸡胸肉3块
猪肥油50克
小葱5根
姜泥1大匙

● 调味料

酱油1大匙
味醂2大匙
米酒2大匙
香油1大匙
白胡椒粉1小匙
盐1/4小匙
鸡精1/4小匙

料理小秘诀

1. 鸡胸肉油脂较少，口感较涩，添加适量鸡肥油或猪肥油会使口感较为滑顺。
2. 猪肥油亦可用等重的鸡肥油、香油或其他液体油代替。
3. 不想自己剁肉，也可购买鸡肉馅使用。

● 做法

1. 鸡胸肉去骨、去皮，洗净沥干水分后剁碎；猪肥油剁碎备用（图1）。

2. 鸡肉碎、猪肥油碎、葱花、姜泥放入大碗中，全部调味料混合后加入碗中（图2、图3）。

3. 用一把筷子或手将全部材料以同方向搅拌均匀至有黏性，放入冰箱冷藏30分钟，即为馅料（图4、图5）。

1	2	3	4	5
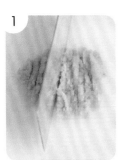				

洋葱鸡肉馅

40 chicken

保质期 │ 冷藏1～2天

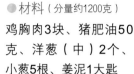

● 材料（分量约1200克）

鸡胸肉3块、猪肥油50克、洋葱（中）2个、小葱5根、姜泥1大匙

● 调味料

酱油1大匙、味醂2大匙、米酒2大匙、香油1大匙、白胡椒粉1小匙、盐1/4小匙、鸡精1/4小匙

● 做法

1. 鸡胸肉去骨、去皮，洗净沥干水分后剁碎；洋葱去皮后切细丁；猪肥油剁碎备用。

2. 鸡肉碎、猪肥油碎、葱花、姜泥放入大碗中，全部调味料混合后加入碗中，用一把筷子或手以同方向充分搅拌至有黏性，放入冰箱冷藏30分钟。

3. 将洋葱丁加入做法2的鸡肉馅中拌匀，即为馅料。

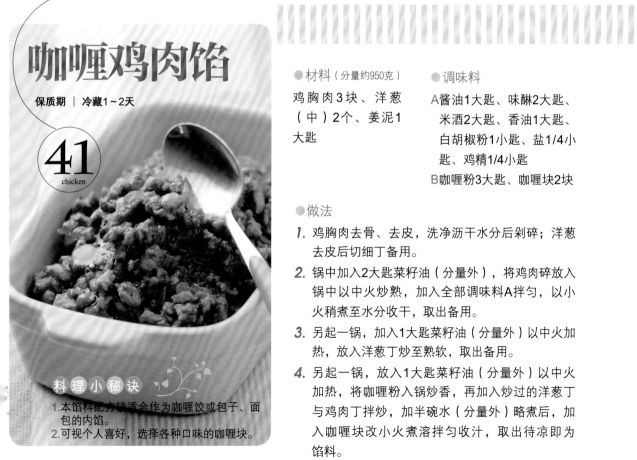

咖喱鸡肉馅

保质期 │ 冷藏1～2天

41 chicken

● 材料（分量约950克）

鸡胸肉3块、洋葱（中）2个、姜泥1大匙

● 调味料

A酱油1大匙、味醂2大匙、米酒2大匙、香油1大匙、白胡椒粉1小匙、盐1/4小匙、鸡精1/4小匙

B咖喱粉3大匙、咖喱块2块

● 做法

1. 鸡胸肉去骨、去皮，洗净沥干水分后剁碎；洋葱去皮后切细丁备用。

2. 锅中加入2大匙菜籽油（分量外），将鸡肉碎放入锅中以中火炒熟，加入全部调味料A拌匀，以小火稍煮至水分收干，取出备用。

3. 另起一锅，加入1大匙菜籽油（分量外）以中火加热，放入洋葱丁炒至熟软，取出备用。

4. 另起一锅，放入1大匙菜籽油（分量外）以中火加热，将咖喱粉入锅炒香，再加入炒过的洋葱丁与鸡肉丁拌炒，加半碗水（分量外）略煮后，加入咖喱块改小火煮溶拌匀收汁，取出待凉即为馅料。

料理小秘诀

1. 本馅料配方较适合作为咖喱饺或包子、面包的内馅。

2. 可视个人喜好，选择各种口味的咖喱块。

香辣蘑菇番茄鸡肉馅

保质期 │ 冷藏1~2天

● 材料（分量约800克）

鸡胸肉600克、猪肥油50克、蘑菇200克、番茄（大）1个、小葱5根

● 调味料

墨西哥辣酱3大匙、酱油1大匙、味醂2大匙、米酒2大匙、香油1大匙、白胡椒粉1小匙、盐1/4小匙、鸡精1/4小匙

● 做法

1. 蘑菇切丁，放入干锅中，以小火炒至香味出现，取出备用。

2. 番茄的蒂头去除，在底部划十字刀，放入滚水中汆烫去皮后，切开去籽再切成细丁，挤掉多余水分备用。

3. 鸡胸肉去骨、去皮，洗净沥干水分后剁碎；猪肥油剁碎备用。

4. 鸡肉碎、猪肥油碎、葱花与全部调味料放入大碗中，用一把筷子或手以同方向搅拌至有黏性，放入冰箱冷藏30分钟。

5. 将蘑菇丁、番茄丁加入做法4的鸡肉馅中拌匀，即为馅料。

料理小秘诀

1. 蘑菇炒过可增加香味。
2. 墨西哥辣酱（Tobasko）可到超市或烘焙材料店购买。

辣子鸡肉馅

保质期 │ 冷藏1~2天

● 材料（分量约600克）

鸡胸肉600克、猪肥油50克、红辣椒（大）2根、小葱5根、姜泥1大匙

● 调味料

辣椒酱1大匙、酱油1大匙、味醂2大匙、米酒2大匙、香油2大匙、白胡椒粉1小匙、盐1/4小匙、鸡精1/4小匙

● 做法

1. 鸡胸肉去骨、去皮，洗净沥干水分后剁碎；猪肥油剁碎；红辣椒切开去籽，切粗丁；备用。

2. 锅中加少许油（分量外），放入辣椒丁以小火炒香，取出备用。

3. 将除炒辣椒丁外的材料及全部调味料放入大碗中，用一把筷子以同方向搅拌至有黏性，放入冰箱冷藏30分钟，再加入炒辣椒丁，即为馅料。

料理小秘诀

辣椒先炒过可增加香味及辣度。

44 小黄瓜鸡肉馅

保质期 │ 冷藏1~2天

● 材料（分量约600克）

鸡胸肉600克
猪肥油50克
罐头黄瓜1罐
小葱5根
姜泥1大匙

● 调味料

酱油1大匙
味醂2大匙
米酒2大匙
香油2大匙
白胡椒粉1小匙
盐1/4小匙
鸡精1/4小匙

● 做法

1. 黄瓜取出沥干水分，切碎备用。

2. 鸡胸肉去骨、去皮，洗净沥干水分后剁碎；猪肥油剁碎备用。

3. 将除黄瓜碎外的材料及全部调味料放入大碗中，用一把筷子或手以同方向搅拌至有黏性，放入冰箱冷藏30分钟。

4. 将黄瓜碎加入做法3的鸡肉馅中拌匀，即为馅料。

虾仁馅

Basic!
＊原味虾仁馅

保质期 ｜ 冷藏1～2天

45
shrimp

● 材料（分量约700克）

虾仁600克
猪肥油100克
小葱3根
姜泥1大匙

● 调味料

米酒1大匙
香油1大匙
白胡椒粉1小匙
盐少许
鸡精少许

● 做法

1. 虾仁去虾线，洗净后沥干水分，再用纸巾吸干水分（图1）。

2. 将2/3的虾仁用菜刀压碎后剁成泥，1/3的虾仁切小丁，猪肥油用菜刀剁碎备用（图2）。

3. 将虾泥、虾仁丁、猪肥油碎、葱花、姜泥与全部调味料放入大碗中，用一把筷子或手以同方向搅拌至有黏性，放入冰箱冷藏30分钟，即为馅料（图3、图4）。

1

2

3

4

三鲜馅

保质期 | 冷藏1~2天

● 材料（分量约900克）

虾仁300克、鲷鱼300克、梅花猪肉馅300克、小葱4根、姜泥1大匙

● 调味料

A盐少许、米酒1大匙、白胡椒粉1小匙、鸡精适量
B酱油1小匙、味醂1小匙、米酒1小匙、香油1小匙

● 做法

1. 猪肉馅、葱花、姜泥与全部调味料A放入大碗中，用一把筷子或手以同方向搅拌至有黏性，放入冰箱冷藏30分钟。
2. 虾仁去虾线，洗净后沥干水分，用纸巾吸干水分，再用菜刀压碎剁成虾泥。
3. 将鲷鱼切成细丁，加入做法2的虾泥中拌匀，再加入全部调味料B以同方向搅拌均匀。
4. 将鱼肉虾泥加入做法1的肉馅中，充分搅拌至有黏性，即为馅料。

46
shrimp

三鲜

猪肉虾仁

47
shrimp

猪肉虾仁馅

保质期 | 冷藏1~2天

● 材料（分量约600克）

虾仁300克、梅花猪肉馅300克、小葱4根、姜泥1大匙

● 调味料

酱油1小匙、味醂1小匙、米酒1大匙、香油1小匙、白胡椒粉1小匙、盐少许、鸡精适量

● 做法

1. 虾仁去虾线，洗净后沥干水分，用纸巾吸干水分，再用菜刀压碎剁成泥。
2. 虾泥、猪肉馅、葱花、姜泥与全部调味料一起放入大碗中，用一把筷子或手以同方向搅拌至有黏性，放入冰箱冷藏30分钟，即为馅料。

干贝丝瓜虾仁馅

shrimp

保质期 │ 冷藏1~2天

● 材料（分量约1250克）

虾仁600克
猪肥油100克
丝瓜2条
干贝6粒
小葱3根
姜泥1大匙

● 调味料

A 米酒1小匙
　葱段1支
B 米酒1大匙
　香油1小匙
　白胡椒粉1小匙
　盐少许
　鸡精少许

● 做法

1. 丝瓜去皮，用纸巾吸干水分，切段后以菜刀片下外围的绿色瓜肉（中央瓜瓤部分不使用以免出水），切成细丁（图1）。

2. 丝瓜丁放入碗中，加入1小匙盐（分量外）搓揉，腌渍约半小时使其出水，挤干水分备用。

3. 干贝洗净后置于碗中，加入全部调味料A与适量水至可盖过干贝，放入锅中蒸熟；将干贝取出待凉后，剥丝备用（图2）。

4. 虾仁去虾线，洗净沥干后用纸巾吸干水分，再用菜刀压碎，剁成泥；猪肥油剁碎备用。

5. 虾泥、猪肥油碎、葱花、姜泥与全部调味料B放入大碗中，用一把筷子或手以同方向充分搅拌至有黏性，放入冰箱冷藏30分钟。

6. 将丝瓜丁、干贝丝加入做法5的虾泥中，用一把筷子或手再度以同方向搅拌均匀，即为馅料（图3、图4）。

丝瓜虾仁馅

保质期 | 冷藏1～2天

● 材料（分量约1250克）

虾仁600克
猪肥油100克
丝瓜2条
小葱3根
姜泥1大匙

● 调味料

米酒1大匙
白胡椒粉1小匙
盐少许
鸡精少许

● 做法

1. 丝瓜去皮，用纸巾吸干水分，切段后以菜刀片下外围绿色瓜肉（中央瓜瓤部分不使用以免出水），切成细丁，加入1小匙盐（分量外）搓揉，腌渍约半小时使其出水，挤干水分备用。

2. 虾仁去虾线，洗净沥干后用纸巾吸干水分，再用菜刀压碎剁成泥；猪肥油剁碎；备用。

3. 虾泥、猪肥油碎、葱花、姜泥与全部调味料放入大碗中，用一把筷子或手以同方向充分搅拌至有黏性，放入冰箱冷藏30分钟。

4. 将丝瓜丁加入做法3的虾泥中，用一把筷子或手再度以同方向搅拌均匀，即为馅料。

虾仁馅

49 shrimp
丝瓜

韭黄

50 shrimp

韭黄虾仁馅

保质期 | 冷藏1～2天

● 材料（分量约1000克）

虾仁600克
猪肥油100克
韭黄300克
小葱3根
姜泥1大匙

● 调味料

米酒1大匙
白胡椒粉1小匙
盐少许
鸡精少许

● 做法

1. 虾仁去虾线，洗净沥干后用纸巾吸干水分，用菜刀压碎剁成泥；猪肥油剁碎备用。

2. 虾泥、猪肥油碎、葱花、姜泥与全部调味料放入大碗中，用一把筷子或手以同方向充分搅拌至有黏性，放入冰箱冷藏30分钟。

3. 韭黄切末，包馅前再加入做法2的虾泥中轻轻拌匀，即为馅料。

鱼 肉 馅

51
fish

黄鱼肉馅

保质期 | 冷藏1~2天

● **材料**（分量约900克）

黄鱼肉600克
梅花猪肉馅300克
小葱4根
姜泥1大匙

● **调味料**

酱油1小匙
味醂1小匙
米酒1大匙
香油1小匙
白胡椒粉1小匙
盐少许
鸡精少许

● **做法**

1. 猪肉馅、姜泥与全部调味料放入大碗中，用一把筷子或手以同方向充分搅拌至有黏性，放入冰箱冷藏30分钟。

2. 黄鱼去鳞、去皮后，将鱼肉片下，一半鱼肉剁成泥，另一半切细丁备用（图1、图2）。

3. 将全部鱼肉、做法1的猪肉馅、葱花与全部调味料放入大碗中，用一把筷子或手以同方向搅拌均匀，即为馅料（图3、图4）。

1

2

3

4

雪菜鲷鱼馅

保质期 | 冷藏1~2天

● 材料（分量约1000克）

鲷鱼片400克
虾仁200克
猪肥油50克
雪里蕻300克
小葱2根
姜泥1大匙

● 调味料

米酒1大匙
香油1大匙
白胡椒粉1小匙
盐少许
鸡精少许

● 做法

1. 雪里蕻洗净挤干水分后切细碎，再次挤干水分备用。

2. 虾仁去虾线，洗净沥干后用纸巾吸干水分，用菜刀压碎剁成泥；猪肥油剁碎；鲷鱼切细丁后冷藏备用。

3. 虾泥、猪肥油碎、葱花、姜泥与全部调味料放入大碗中，用一把筷子或手以同方向充分搅拌至有黏性，放入冰箱冷藏30分钟。

4. 将鲷鱼丁、雪里蕻加入做法3的猪肉虾泥中拌匀，即为馅料。

茴香鲑鱼馅

保质期 | 冷藏1~2天

● 材料（分量约700克）

鲑鱼400克
虾仁200克
猪肥油50克
茴香50克
小葱2根
姜泥1大匙

● 调味料

米酒1大匙
香油1大匙
白胡椒粉1小匙
盐少许
鸡精少许

● 做法

1. 茴香切碎；虾仁去虾线，洗净沥干后用纸巾吸干水分，用菜刀压碎剁成泥；猪肥油剁碎；鲑鱼去皮、去骨，切小丁后冷藏备用。

2. 虾泥、猪肥油碎、葱花、姜泥与全部调味料放入大碗中，用一把筷子或手以同方向充分搅拌至有黏性，放入冰箱冷藏30分钟。

3. 将鲑鱼丁、茴香碎加入做法2的猪肉虾泥中拌匀，即为馅料。

塔香鲷鱼鱿鱼馅

保质期 | 冷藏1~2天

● 材料（分量约650克）

鲷鱼片400克、鱿鱼200克、猪肥油50克、罗勒100克、姜泥2大匙

● 调味料

味醂2大匙、米酒2大匙、香油1大匙、花椒粉1大匙、白胡椒粉1小匙、盐1/4小匙、鸡精1/4小匙

● 做法

1. 鲷鱼片300克剁碎，100克切细丁后冷藏；猪肥油剁碎；罗勒切细丁备用。

2. 鱿鱼拉掉头部，去除内脏后剥皮，洗净擦干水分，剁碎备用。

3. 鲷鱼碎和丁、鱿鱼碎、猪肥油碎、姜泥与全部调味料放入大碗中，用一把筷子或手以同方向充分搅拌至有黏性，放入冰箱冷藏30分钟。

4. 将罗勒丁加入做法3的鲷鱼鱿鱼馅中拌匀，即为馅料。

料理小秘诀

花椒粉建议选用花椒粒制作，先用干锅小火炒香，再用果汁机打碎，会比市售的花椒粉香。花椒粉可依个人喜好调整。

54 fish　鲷鱼鱿鱼

55 fish　彩椒旗鱼

彩椒旗鱼馅

保质期 | 冷藏1~2天

● 材料（分量约700克）

旗鱼600克、红椒1/2个、黄椒1/2个、猪肥油50克、新鲜法香50克、姜泥2大匙

● 调味料

米酒2大匙、香油1大匙、白胡椒粉1小匙、盐1/4小匙、鸡精1/4小匙

● 做法

1. 旗鱼450克剁成碎，150克切细丁后冷藏；猪肥油剁碎；彩椒切细丁；法香切碎备用。

2. 旗鱼碎和丁、猪肥油碎、姜泥与全部调味料放入大碗中，用一把筷子或手以同方向充分搅拌至有黏性，放入冰箱冷藏30分钟。

3. 将彩椒丁、法香丁加入做法2的旗鱼馅中拌匀，即为馅料。

● 材料（分量约700克）

鲷鱼片400克

虾仁200克

猪肥油50克

干海带芽20克

新鲜紫苏叶100克

小葱4根

姜泥2大匙

● 调味料

味醂2大匙

米酒2大匙

香油1大匙

白胡椒粉1小匙

盐1/4小匙

鸡精1/4小匙

 56 fish **紫苏海鲜馅**

保质期 ｜ 冷藏1~2天

● 做法

1. 海带芽用冷水泡开，挤干水分后切碎。

2. 虾仁去虾线，洗净沥干后用纸巾吸干水分，剁碎；鲷鱼切丁后切碎；猪肥油剁碎；紫苏叶切碎备用。

3. 鲷鱼碎、虾仁碎、猪肥油碎、葱花、姜泥与全部调味料放入大碗中，用一把筷子或手以同方向充分搅拌至有黏性，放入冰箱冷藏30分钟。

4. 将紫苏叶碎、海带芽碎加入做法3的海鲜馅中拌匀，即为馅料。

 料理小秘诀

1. 紫苏叶洗净后要沥干水分，以免出水。

2. 也可以把海参汆烫后切丁放入，增加风味。

蔬菜馅

韭菜粉丝蛋皮馅

保质期 | 冷藏1~2天

57
vegetable

● 材料（分量约600克）

韭菜200克

粉丝2把

蛋2个

干香菇5朵

豆干4块

● 调味料

味酥1大匙

米酒1大匙

香油1大匙

白胡椒粉1小匙

盐1/4小匙

鸡精1/2小匙

● 做法

1. 锅中放入3大匙菜籽油（分量外）以中火加热，放入打散蛋液煎成薄蛋皮后，取出折叠切丝备用（图1）。

2. 韭菜切末；豆干切细丁；粉丝泡水至软后切小段；香菇泡水至软后，去蒂切细丁；将上述材料连同蛋丝一起加入大碗中（图2）。

3. 加入全部调味料，用筷子或手以同方向搅拌均匀，即为馅料（图3、图4）。

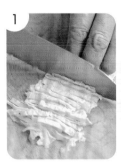
1

2

3

4

58 vegetable 萝卜丝香菜馅

保质期 │ 冷藏1~2天

● 材料（分量约700克）
白萝卜1200克
香菜100克

● 调味料
香油2大匙
白胡椒粉1大匙
鸡精1小匙

● 做法

1. 香菜切碎备用。
2. 萝卜去皮，以中等孔径刨丝，用2大匙盐（分量外）搓揉，腌渍约半小时使其出水，挤干水分备用。
3. 将挤干水分的萝卜切小段，加入全部调味料拌匀，最后加入香菜碎拌匀，即为馅料。

花素馅

保质期 ｜ 冷藏1～2天

59
vegetable

●材料（分量约600克）

小油菜400克、竹笋1支、豆腐1块、粉丝1把、干香菇5朵、豆干3块

●调味料

A香油1大匙、白胡椒粉1小匙、盐1/4小匙、鸡精1/4小匙

B酱油2大匙、味醂1大匙、白胡椒粉1小匙

●做法

1. 香菇泡水至软后，去蒂切细丁；竹笋、豆腐、豆干切细丁；粉丝泡水至软后切小段备用。

2. 小油菜放入滚水中汆烫，捞起放入冷水中漂凉，取出切碎后用手挤干水分，加入全部调味料A拌匀（图1）。

3. 起油锅，以大火加热至油温160℃，放入豆腐丁以大火炸至表面略呈金黄，捞起备用。

4. 锅中留2大匙油，加入香菇丁、竹笋丁、豆干丁以中火炒香，取出备用。

5. 全部材料与全部调味料B放入大碗中，用一把筷子或手以同方向搅拌均匀，即为馅料。

雪里蕻香菇馅

保质期 ｜ 冷藏1～2天

60
vegetable

●材料（分量约550克）

雪里蕻300克、豆腐1块、蛋2个、干香菇6朵

●调味料

A香油1大匙、白胡椒粉1小匙、鸡精1/4小匙

B酱油2大匙、味醂1大匙、白胡椒粉1小匙

●做法

1. 雪里蕻洗净，挤干水分后切细碎，再次挤干水分，加入全部调味料A拌匀。

2. 香菇泡水至软后，去蒂切细丁；豆腐挤碎；蛋打散备用。

3. 锅中放入3大匙菜籽油（分量外）以中火加热，放入蛋液炒散呈碎丁状，沥干油分备用。

4. 锅中放入2大匙菜籽油（分量外）以中火加热，加入香菇丁爆香后，加入半碗水（分量外）与全部调味料B，以小火煮至水分收干，最后加入豆腐碎与炒蛋拌匀，取出待凉，再加入做法1的雪里蕻拌匀，即为馅料。

 料理小秘诀

1. 豆腐也可切丁油炸后再加入，香味会更浓，做法请见花素馅做法3。
2. 炒料一定要待完全冷却后，再加入雪里蕻，否则雪里蕻容易变黄。

奶白菜香菇馅

保质期 │ 冷藏1~2天

● 材料（分量约500克）

奶白菜600克、鲜香菇6朵、干香菇5朵、豆干3块

● 调味料

A香油1大匙、白胡椒粉1小匙、盐1/4小匙、鸡精少许
B酱油2大匙、味酥1大匙、白胡椒粉1小匙

● 做法

1. 将奶白菜放入滚水中汆烫，捞起放入冷水中漂凉后，取出切碎后挤干水分，加入全部调味料A拌匀。

2. 香菇泡水至软后，去蒂切细丁；豆干切细丁备用。

3. 鲜香菇放入滚水中汆烫，捞起去蒂切细丁备用。

4. 锅中放入2大匙菜籽油（分量外）以中火加热，加入干香菇丁爆香后，加入豆干丁略炒至香，加入半碗水（分量外）与全部调味料B，以小火煮至水分收干，加入鲜香菇丁拌匀，取出待凉。

5. 将奶白菜碎加入冷却的做法4材料中拌匀，即为馅料。

料理小秘诀

奶白菜为小白菜的品种之一，亦可用一般小白菜代替。

蔬菜馅

圆白菜素鸡馅

保质期 │ 冷藏1~2天

● 材料（分量约1000克）

圆白菜1200克、沙拉竹笋1支、素鸡（一种豆制品）100克、干香菇6朵

● 调味料

A香油1大匙、白胡椒粉1小匙、盐1/4小匙、鸡精少许
B酱油2大匙、味酥1大匙、白胡椒粉1小匙

● 做法

1. 将圆白菜切成1~1.5厘米的小片，加入1.5大匙盐（分量外）搓揉，腌渍约半小时使其出水，挤干水分后加入全部调味料A拌匀备用。

2. 香菇泡水至软，去蒂后切细丁；素鸡泡水至软，挤干水分后切丁；竹笋切丁；备用。

3. 锅中放入2大匙菜籽油（分量外）以中火加热，加入香菇丁略炒香后，放入素鸡丁炒香，再加入竹笋丁拌炒均匀，最后加入全部调味料B和1碗水（分量外）以小火略煮至入味，取出待凉。

4. 将圆白菜加入做法3的炒料中拌匀，即为馅料。

料理小秘诀

包子内馅的材料要切成丝状，再添加炒熟的胡萝卜丝与黑木耳丝风味较佳。

百菇素馅

63 vegetable

●材料（分量约600克）
干香菇8朵
蟹味菇200克
白玉菇200克
灰树花200克
粉丝1把

●调味料
酱油2大匙
味酥2大匙
白胡椒粉1小匙
盐少许

●做法

1. 香菇泡水至软后，去蒂切细丁；粉丝泡水至软后剪小段；备用。

2. 将3种鲜菇去蒂头后切小段；备用。

3. 干锅中放入3种鲜菇，以中小火炒香后取出备用。

4. 锅中放入2大匙菜籽油（分量外）以中火加热，加入香菇丁爆香后，再加入全部调味料炒匀，加入50克水（分量外），转小火略炒，加入做法3的炒鲜菇、粉丝炒匀，取出待凉，即为馅料。

金瓜奶酪馅

保质期 ｜ 冷藏1~2天

●材料（分量约600克）
南瓜泥500克
奶酪片8片
西芹200克

●调味料
白胡椒粉1小匙
盐1/4小匙
鸡精1/4小匙

●做法

1. 西芹削去外层粗纤维后切成细丁，奶酪片切丁备用。

2. 将南瓜泥与全部调味料放入大碗中，用一把筷子或手以同方向搅拌均匀，再加入西芹与奶酪丁再次拌匀，即为馅料。

  料理小秘诀

南瓜泥的做法可见P112，这道馅料因主要材料是南瓜泥，少了咀嚼的口感，适合做包子。

64 vegetable

酸菜馅

保质期 ｜ 冷藏1～2天

● 材料（分量约300克）
酸菜300克
红辣椒（大）2根

● 调味料
白胡椒粉1小匙
细砂糖3大匙
酱油少许

● 做法

1. 将酸菜洗净泡盐水约5分钟去咸味，取出切成丝；红辣椒切开去籽，切丝备用。

2. 锅中放入3大匙菜籽油（分量外）以中火加热，加入辣椒丝爆香，再放入酸菜丝炒香，加入全部调味料拌炒均匀，取出待凉，即为馅料。

料理小秘诀

酸菜本身有酸度和咸度，加一些糖调味，让炒出来的酸菜带有酸甜的口感；糖可依自己的口味调整。

酸菜 **65** vegetable

66 vegetable 萝卜干

萝卜干馅

保质期 ｜ 冷藏1～2天

● 材料（分量约300克）
萝卜干碎200克、干香菇6朵

● 调味料
味醂2大匙、酱油1小匙、白胡椒粉1小匙、细砂糖少许、香油2大匙

● 做法

1. 萝卜干碎用水泡软后切小段；香菇泡水至软，去蒂后切丝备用。

2. 锅中放入3大匙菜籽油（分量外）以中火加热，放入香菇丝转小火炒香，加入萝卜干碎段炒香后，加入全部调味料拌炒一下，再放入100克水（分量外），煮至水分收干，取出待凉，即为馅料。

料理小秘诀

萝卜干碎是晒干的萝卜丝，较吃油，炒时要多加一点油。

Sample!

香葱猪肉包

成品数量 | 20个 **保质期** | 蒸好冷冻7天

料理小秘诀

包子蒸好后，先打开盖子露出一个小缝，让热气稍微散开，再打开蒸笼盖。若马上打开，会因热胀冷缩，使得包子急速内缩，造成表皮呈现过多的皱褶，较不美观。

●外皮材料

高筋面粉400克

低筋面粉200克

酵母粉5克

泡打粉5克

细砂糖40克

水310克

色拉油50克

●内馅材料

原味猪肉馅700克

●做法

1. 内馅请参照P10原味猪肉馅制作备用。

2. 高筋面粉、低筋面粉混合过筛，与酵母粉、泡打粉拌匀，筑成粉墙；细砂糖、水先拌溶，再倒入粉墙中混拌均匀，倒入色拉油，揉成光滑不粘手的面团，放入调理盆中盖上保鲜膜，松弛5～10分钟（图1～图6）。

3. 面团分切成大块，再分别搓成长条状，分切成每个50克，滚成圆球状，静置松弛5分钟，再擀成外缘薄、中间厚，直径10～12厘米的圆面皮备用（图7）。

4. 取一面皮，包入约2大匙的馅料，如图所示收口打褶捏成包子形，底部垫上裁切成适当大小的油纸，间隔排入蒸笼中，加盖静置发酵30分钟备用（图8～图12）。

5. 水滚后将蒸笼架于蒸锅上，以中小火蒸10～12分钟即可完成。

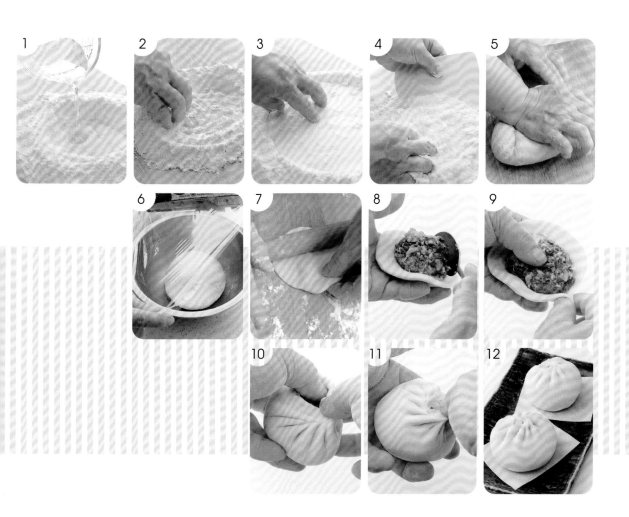

圆白菜猪肉水煎包

成品数量 ｜ 20个　　保质期 ｜ 现煎现吃

● 外皮材料

A 高筋面粉350克

　低筋面粉210克

　酵母粉5克

　泡打粉6克

　细砂糖45克

　水240克

　色拉油40克

B 白芝麻适量

● 内馅材料

圆白菜猪肉馅500克

● 面粉水材料

低筋面粉1大匙

水淀粉1小匙

水500克

白醋少许

● 做法

1. 内馅请参照P11圆白菜猪肉馅制作备用。

2. 高筋面粉、低筋面粉混合过筛，与酵母粉、泡打粉拌匀，筑成粉墙；细砂糖、水先拌溶，再倒入粉墙中混拌均匀，倒入色拉油，揉成光滑不粘手的面团，放入调理盆中盖上保鲜膜，松弛5~10分钟（图1~图5）。

3. 面团分切成大块，再分别搓成长条状，分切成每个45克，滚成圆球状，静置松弛5分钟，再擀成外缘薄、中间厚，直径约10厘米的圆面皮备用（图6）。

4. 取一面皮，包入约1.5大匙的馅料，如图所示收口打褶捏成包子形，间隔排入撒了少许高筋面粉（分量外）的平盘上，盖上保鲜膜，静置松弛20分钟（图7、图8）。

5. 将所有面粉水材料一起调匀。

6. 平底锅放入2大匙色拉油（分量外）烧热，排入做法4的包子，倒入面粉水至煎包的1/3高度，加盖以中火煎煮至水分快收干时，转小火再煎1分钟后，撒上白芝麻即可（图9）。

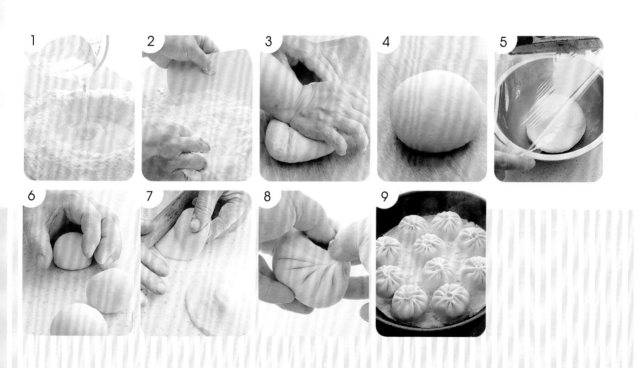

料理小秘诀

由于面粉水中添加白醋，水煎包、煎饺或锅贴等外皮才不容易互相粘连，方便食用。

韭黄虾仁水饺

成品数量 | 30个　　保质期 | 生水饺冷冻10天

●外皮材料

高筋面粉210克
低筋面粉90克
水150克

●内馅材料

韭黄虾仁馅500克

●做法

1. 内馅请参照P37韭黄虾仁馅制作备用。

2. 高筋、低筋面粉混合过筛，筑成粉墙，加水揉成光滑不粘手的面团，盖上保鲜膜静置松弛30分钟（图1、图2）。

3. 面团分切成大块，再分别搓成长条状，共分切成30等份，滚成圆球状稍压扁后静置松弛5分钟，再擀成直径6~7厘米的圆面皮备用（图3~图7）。

4. 取一面皮，包入1大匙的馅料，如图所示，对折后先捏合中央处，再将右边的面皮往中央略压使呈倒爱心形，捏合其中一侧的半个爱心，再用食指与拇指将外侧面皮捏出均匀的皱褶，依次完成所有材料（图8~图12）。

5. 另煮一锅滚水，将水饺放入水中煮至再次沸腾时，加入1碗冷水，续煮至水饺浮起即完成。

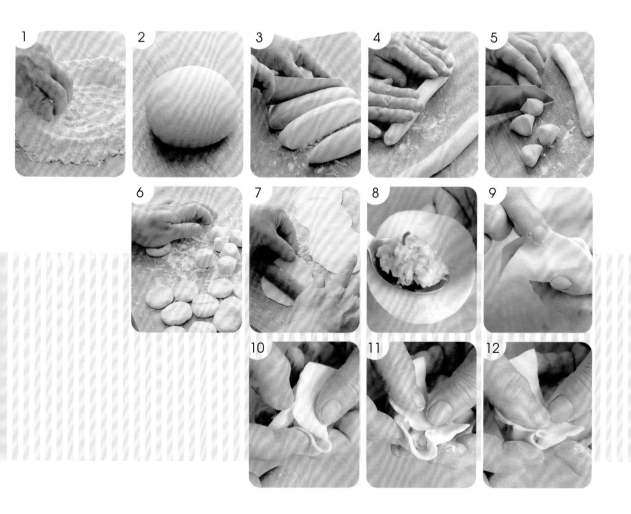

白菜猪肉锅贴

成品数量 ｜ 30个　保质期 ｜ 生锅贴冷冻10天

● 外皮材料

高筋面粉210克
低筋面粉80克
热开水150克
冷水10克

● 内馅材料

大白菜猪肉馅550克

● 面粉水材料

低筋面粉1大匙
水淀粉1大匙
水500克
白醋少许

● 做法

1. 内馅请参照P13大白菜猪肉馅制作备用。

2. 高筋面粉、低筋面粉混合过筛，放入调理盆中，冲入热开水，用擀面棍搅拌均匀（若太干时才加冷水），揉成光滑不粘手面团，盖上保鲜膜静置松弛30分钟（图1～图4）。

3. 面团分切成大块，再分别搓成长条状，共分切成30等份，滚成圆球状稍压扁后，静置松弛5分钟，再擀成直径7～8厘米的椭圆面皮备用。

4. 取一面皮，包入1大匙的馅料，对折后成半圆形后，由中心处往两端捏合，保留左右两端不捏；接着将右边未捏起的面皮往捏合部分的中心处压入，再捏合成三角形，另一边也依相同做法捏成三角形，依序完成所有材料（图5～图7）。

5. 将所有面粉水材料一起调匀（图8）。

6. 平底锅放入2大匙色拉油（分量外）烧热，排入锅贴，倒入面粉水至锅贴的1/3高度，加盖以中火煎煮至水分快收干时，转小火再煎1分钟即完成（图9、图10）。

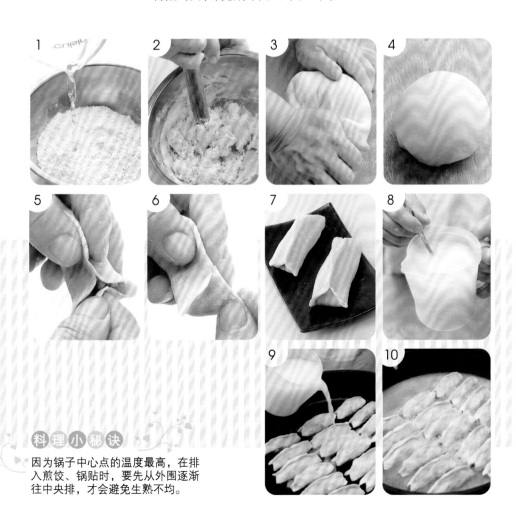

料理小秘诀

因为锅子中心点的温度最高，在排入煎饺、锅贴时，要先从外围逐渐往中央排，才会避免生熟不均。

青葱牛肉馅饼

成品数量 | 20个　　保质期 | 生馅饼冷冻7天

●外皮材料

中筋面粉400克
热开水215克

●内馅材料

原味牛肉馅600克

●做法

1. 内馅请参照P24原味牛肉馅制作备用。

2. 中筋面粉过筛，放入调理盆中，冲入热开水，用擀面棍搅拌均匀，揉成光滑不粘手的面团，盖上保鲜膜静置松弛30分钟（图1～图3）。

3. 面团分切成大块，再分别搓成长条状，分切成每个30克，滚成圆球状稍压扁后，静置松弛5分钟，再擀成厚约0.2厘米、直径约12厘米的圆面皮备用（图4、图5）。

4. 取一个面皮，包入2大匙的馅料，如图所示收口打褶捏成包子形，收口朝下稍压平，间隔排入撒了少许高筋面粉（分量外）的平盘上，盖上保鲜膜，静置松弛20分钟（图6～图10）。

5. 平底锅放入2大匙色拉油（分量外）烧热，馅饼收口朝下，排入锅中，以小火煎至两面金黄，再将周围煎至呈透明状即完成（图11、图12）。

 料理小秘诀

擀面片时，厚薄需一致，避免造成生熟不均的情况。

韭菜盒子

成品数量 | 10个   保质期 | 现煎现吃

●外皮材料

高筋面粉150克
低筋面粉50克
热开水110克
水10克
色拉油20克

●内馅材料

韭菜粉丝蛋皮馅600克

●做法

1. 内馅请参照P42韭菜粉丝蛋皮馅制作备用。

2. 高筋面粉、低筋面粉混合过筛，放入调理盆中，冲入热开水，用擀面棍搅拌均匀，加入水、色拉油，揉成光滑不粘手的面团，盖上保鲜膜静置松弛30分钟（图1～图4）。

3. 面团分切成大块，再分别搓成长条状，分切成每个30克，滚成圆球状稍压扁后，再擀成厚0.15厘米、直径12～13厘米的椭圆面皮备用（图5、图6）。

4. 取一面皮，包入3大匙馅料，对折捏紧，将面皮边缘往内折入旋转折出纹路，依序完成所有材料（图7～图10）。

5. 平底锅放入2大匙色拉油（分量外）烧热，排入韭菜盒子，以中火煎至两面金黄即完成（图11、图12）。

第2章

甜馅 的浓醇风味

从年头到年尾，总是少不了应景的节庆点心来相伴。

从元宵节的汤圆、端午节的豆沙粽到中秋节的蛋黄酥、月饼，

这些包入了红豆、莲蓉、抹茶、枣泥、芋泥等各种甜馅的美食，

总是轮番上阵，以那独特的美味，提醒着我们岁月更迭的不争事实。

本书除了介绍一般传统的甜馅，

更特别搜罗了时下最受欢迎的抹茶、咖啡、巧克力等异国风味，

还有山药、地瓜、南瓜等养生口味，

让您一年四季都能享受到滋味百变的甜点！

甜馅料理教室

成功做出豆沙馅的5大技巧

中式甜点中，总少不了以各种豆类制作的甜馅料，经常吃到的不外乎红豆沙、白豆沙、绿豆沙、莲蓉馅等口味。和咸肉馅相比，甜馅的制作难度高，制作过程也复杂耗时得多，所以大部分的人都直接从食品店购买。但市售的现成馅料为了要延长保存期限，通常会偏甜、偏油，甚至添加防腐剂，为了健康，还是自己在家制作最为安心。

各种甜馅中，以各式豆沙馅最常见，除了直接食用外，还可以和其他材料搭配，做成不同口味的甜馅，所以特别针对豆沙馅注意事项说明，让你轻松学会制作甜馅。然而甜馅料的熬煮时间很长，且须小心照看炉火，只要能掌握以下豆沙馅的制作重点，相信我们都能自己炒出健康美味的豆沙馅。

技巧 1 good point　豆类前处理

浸豆

蒸豆

打泥

浸豆时间

豆沙馅选用干豆来制作，所以豆类洗净后要浸泡一段时间才易煮熟，浸豆水量以水位可盖过豆子即可。但由于夏冬温度不同，浸泡时间也需依季节再加以调整，浸豆时间若太久，也会使豆类失去风味，需特别留意。

蒸豆程度

豆类浸泡后，放入锅中蒸至刚好熟透开口，用手可轻易捏破整粒豆类、不残留硬芯的程度为最佳，过于熟烂也不好。

打成泥状

用来制作豆沙馅的主材料，是去除外皮后所留存下来的豆沙泥。豆类在蒸熟后，放入果汁机中搅打至泥状。如果果汁机装不下，可分次搅拌；如遇果汁机无法工作时，便可以添加适量的水，多少不限，因为在下一阶段的漂水洗沙步骤中，大部分的水分均会被沥除。

漂水洗沙

漂水洗沙的目的，除了滤除豆皮，也可去除其中所含的皂苷、胶质及杂质。做法是将大锅或大钢盆接在筛网下，将打好的豆子分次倒入筛网中，开水龙头以细流的活水漂洗豆泥，此时豆皮会留在筛网内，而豆沙会沉淀于盆底不会流失；间隔一段时间便可将滤出的豆皮自筛网上清除，直到全部的豆沙都滤除豆皮。筛网不要选网眼太大的，否则无法过滤豆皮。

豆沙脱水

所有的豆沙都漂水完成后，即装入豆浆袋或棉布袋中，用手绞扭脱去水分。此步骤应让豆沙仍保留些许水分，过度脱水会破坏豆沙的结构，使炒出来的豆沙馅失去原有的豆香味。

洗沙

脱水

炒炼

技巧2 good point 炒炼豆沙馅要诀

由下往上翻炒

豆沙馅炒炼时，因为材料黏稠，即使全程都以小火炒馅，加上炒馅时间很长，稍一不留意还是很容易炒焦失败的，所以炒豆沙馅时必须全神贯注。因为豆沙在炒后水分会逐渐蒸发而变得浓稠，再加上加入糖、麦芽糖或奶油等材料后，会使豆沙馅越发黏稠难炒，所以炒馅时最好准备一支坚固的锅铲，可以的话建议使用铜锅来炒馅，比较不容易焦底。每次翻炒时都尽量将锅铲伸入锅底，按由下往上的方式将底部的豆沙馅翻炒至表面，才能使豆沙馅受热均匀。

加料炒至不粘手

炒馅过程中，只要加入了新的材料，如糖、油脂、坚果等，都要炒至豆沙馅不粘手的程度，才能再添加下一项食材。最后，炒馅是否完成，也是以"不粘手"的状态来判定。此时只要取一小块馅料，冷却后以两只手指测试，若能不粘手，柔软度如耳垂般，即代表完成。放凉后会变得更黏，所以不要炒得太干，以免成品太干松。

技巧3 good point 增添风味的食材

馅料中若有添加核桃、松子、杏仁、夏威夷豆等坚果类食材，想简化流程可以直接加入拌炒至熟；若想要引出坚果香气、增加风味，则需事先烤熟（以上下火150℃，烤约20分钟至散发香味即可），再于最后馅料即将完成前加入炒匀。

技巧4 good point 保存方法

馅料炒至完成时，温度通常高达100℃以上，如果放着让馅料慢慢降温，保存时容易腐坏，所以必须尽快移至大不锈钢方盘内摊平，或堆成小山状，让馅料借助不锈钢迅速散热的特性来快速降温，完全冷却后尽快密封放入冰箱冷藏。不过，自家炒制的馅料因为不含防腐剂，糖油分量也有所控制，所以保存期限还是无法与市售馅料相比，请尽快食用完毕。

技巧5 good point 豆沙馅的应用

基本豆沙馅制作完成后，可应用于许多点心的制作。一般而言，中式点心的豆沙馅都使用加油的配方；而未加油的基本馅风味清爽，适合用于制作羊羹和菓子等日式点心，但如果你特别讲求养生健康，当然也可使用不加油的基本馅来制作一般中式点心。

红豆沙馅

Basic!

※基本红豆沙馅

保质期 | 冷藏4天、冷冻14天

67
red bean

● 材料（分量约1300克）

红豆600克
红糖400克
麦芽糖80克

● 做法

1. 红豆洗净，加水盖过红豆，浸泡4小时后沥干，放入电炖锅内锅，另加入800克的水盖过红豆（外锅加2杯水），蒸至红豆开口即可（图1）。

2. 趁热将整锅红豆放入果汁机，加适量水（分量外）打碎（图2）。

3. 将红豆泥倒入钢盆中，先用筛网取部分豆沙，一边加水一边用手漂洗豆沙，并将留在筛网上的豆皮倒除，反复进行漂洗动作直到全部豆沙都没有残留豆皮（图3、图4）。

4. 将去皮后的红豆沙倒入豆浆袋中，用手挤干水分进行脱水备用（图5、图6）。

5. 将红豆沙与红糖、麦芽糖一起放入铜锅或炒锅中，以小火翻炒至糖完全溶化，再继续炒至不粘手时即可熄火（图7～图9）。

6. 将馅料取出，摊平于不锈钢浅盘中，待其完全冷却后即可使用，或密封冷冻保存（图10）。

1	2	3	4	5

奶油红豆沙馅

保质期 | 冷藏7天、冷冻14天

● 材料（分量约700克）

基本红豆沙馅600克

红糖50克

麦芽糖50克

奶油80克

菜籽油50克

● 做法

1. 依基本红豆沙馅的做法1~4，将红豆制作成脱水红豆沙备用。

2. 将红豆沙与红糖、麦芽糖一起放入铜锅或炒锅中，以小火翻炒至糖完全溶化，续炒至不粘手时，加入奶油与菜籽油，续翻炒至油分完全被吸收且不粘手时即熄火。

3. 将馅料取出，摊平于不锈钢浅盘中，待其完全冷却后即可使用，或密封冷冻保存。

料理小秘诀

1. 打豆沙时所加的水于后步骤将会沥除，所以加水量以可以将红豆打碎、使果汁机顺利工作即可。
2. 豆沙挤水时需保留些许水分，切勿完全挤干。
3. 炒馅料时要不停地翻动，避免烧焦粘锅。

6	7	8	9	10

中式红豆粒馅

保质期 | 冷藏7天、冷冻14天

● 材料（分量约1300克）

红豆600克
红糖400克
麦芽糖80克

● 做法

1. 红豆洗净，加水盖过红豆，浸泡4小时后沥干，放入电炖锅内锅，另加入800克的水盖过红豆（外锅加2杯水），蒸至红豆开口即可（图1、图2）。

2. 将红豆粒与红糖、麦芽糖一起放入铜锅或炒锅中，以小火翻炒至糖完全溶化，续炒至水分略干、不粘手即可熄火（图3～图6）。

3. 将馅料取出，摊平于不锈钢浅盘中，待其完全冷却后即可使用，或密封冷冻保存（图7）。

料理小秘诀

红豆粒馅颗粒分明，较适合作为面包、馒头内馅，或是再与豆沙馅拌匀成红豆粒馅。

核桃豆沙馅

保质期 │ 冷藏7天、冷冻14天

●材料（分量约1200克）

基本红豆沙馅600克
核桃仁200克
红糖70克
麦芽糖100克
菜籽油250克

●做法

1. 核桃仁大略切碎备用。
2. 将基本红豆沙馅与红糖、麦芽糖一起放入铜锅或炒锅中，以小火翻炒至糖完全溶化，再继续炒至不粘手。
3. 加入核桃碎、菜籽油，续翻炒至油分完全被吸收且不粘手时即熄火。
4. 将馅料取出，摊平于不锈钢浅盘中，待其完全冷却后即可使用，或密封冷冻保存。

料理小秘诀

加入馅料的核桃仁若先烤过，香味较佳。做法是将核桃仁先烤熟（做法请见P101），于豆沙加入菜籽油后，炒至快完成之前，再加入烤熟核桃碎拌炒均匀即可。

红
豆
沙
馅

70
red bean
核桃

71
red bean
桂花

桂花豆沙馅

保质期 │ 冷藏7天、冷冻14天

●材料（分量约850克）

基本红豆沙馅600克
干桂花20克
红糖50克
麦芽糖50克
菜籽油150克

●做法

1. 干桂花略洗净，以纸巾吸干水分备用。
2. 将基本红豆沙馅与红糖、麦芽糖一起放入铜锅或炒锅中，以小火翻炒至糖完全溶化，再加入桂花续炒至不粘手时，加入菜籽油，续翻炒至油分完全被吸收且不粘手时即熄火。
3. 将馅料取出，摊平于不锈钢浅盘中，待其完全冷却后即可使用，或密封冷冻保存。

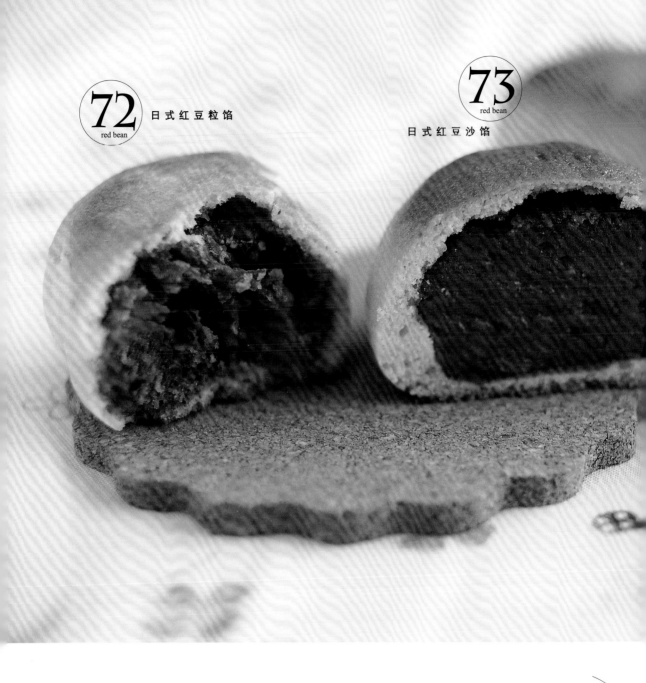

72 red bean
日式红豆粒馅

73 red bean
日式红豆沙馅

日式红豆粒馅

保质期 | 冷藏7天、冷冻14天

日式红豆馅用于讲求精致的和菓子点心，标准做法除了会在煮豆过程中不断捞除浮沫去除杂质、涩味，也会在煮熟后加少许盐提味。本书为增加馅料的应用性，故不加盐以免影响再制调味。

● **材料**（分量约1300克）
红豆600克、细砂糖500克

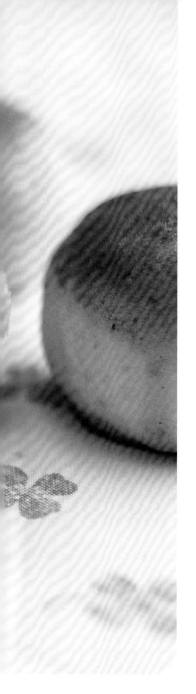

日式红豆沙馅

保质期 | 冷藏7天、冷冻14天

● 材料（分量约1300克）

红豆600克、细砂糖500克

● 做法

1. 红豆洗净，加水盖过红豆，浸泡6～8小时。

2. 将水分沥干后放入深锅中，重新加水至盖过红豆，以大火煮沸后，熄火倒出水。

3. 再次加水盖过红豆，重新煮沸，重复以上做法共煮3次，直到红豆煮至完全熟软。

4. 趁热将红豆以及适量的水放入果汁机打碎。

5. 将红豆泥倒入钢盆中，先用筛网取部分豆沙，一边加水一边用手漂洗豆沙，并将留在筛网上的豆皮倒除，反复进行漂洗直到全部豆沙都没有残留豆皮。

6. 将去皮后的红豆沙倒入豆浆袋中，用手挤干水分进行脱水（勿完全挤干）备用。

7. 将红豆沙与细砂糖一起放入铜锅或炒锅中，以小火翻炒至糖完全溶化，再续炒至不粘手时即熄火。

8. 将馅料取出，摊平于不锈钢浅盘中，待其完全冷却后即可使用，或密封冷冻保存。

● 做法

1. 红豆洗净，加水盖过红豆，浸泡6～8小时。

2. 将水分沥干后放入深锅中，重新加水至盖过红豆，以大火煮沸后，熄火倒出水。

3. 再次加水盖过红豆，重新煮沸，重复以上做法共煮3次，直到红豆煮至完全熟软，倒出水。

4. 加入干净的水至盖过红豆，加入细砂糖，并以大火加热，一边不停用木勺同方向搅拌直至沸腾。若水面出现泡沫时，用滤网捞除使汤汁干净。

5. 沸腾后即离火，静置冷却后，再重新以大火加热，以木勺不停同方向搅拌至煮沸，即改中火持续同方向搅拌加热，至水分收干、以木勺舀起可呈山形即熄火。

6. 将煮好的红豆粒摊平于不锈钢浅盘中，待其完全冷却后即可使用，或密封冷冻保存。

白豆沙馅

Basic!

✳ 基本白豆沙馅

保质期 │ 冷藏4天、冷冻14天

74
sword bean

● 材料（分量约1300克）

白芸豆600克

细砂糖400克

麦芽糖100克

● 做法

1. 白芸豆洗净，加水盖过白芸豆，浸泡4～8小时后，倒出水（图1、图2）。

2. 准备一锅滚水，将白芸豆放入锅中，以大火煮至豆皮可轻易脱除时，捞出冲冷水稍冷却后，以手剥去外皮（图3、图4）。

3. 另备一锅滚水，将去皮后的白芸豆加入锅中，以大火煮至熟烂（或放入电炖锅，外锅加2～3杯水蒸熟，图5）。

4. 趁热放入果汁机中，加适量水（分量外），打成泥后倒入钢盆中，在水龙头底下活水慢流1小时，或以静置换水4～5次的方式，进行漂水洗沙（图6、图7）。

5. 将漂水后的白豆沙倒入豆浆袋中，用手挤干水分进行脱水（勿完全挤干）备用（图8、图9）。

6. 将白豆沙与细砂糖、麦芽糖一起放入铜锅或炒锅中，以小火翻炒至糖完全溶化，再续炒至不粘手时即熄火（图10～图12）。

7. 将馅料取出，摊平于不锈钢浅盘中，待其完全冷却后即可使用，或密封冷冻保存。

朗姆桂圆豆沙馅

保质期 | 冷藏7天、冷冻14天

75
sword bean

●材料（分量约1200克）

基本白豆沙馅600克

桂圆肉200克

朗姆酒200克

细砂糖50克

麦芽糖100克

菜籽油150克

●做法

1. 将桂圆肉浸泡在朗姆酒中24小时备用。

2. 将基本白豆沙馅放入铜锅或炒锅中，加入细砂糖与麦芽糖，以小火不断翻炒至糖完全溶化。

3. 将桂圆肉连同朗姆酒加入锅中，续炒至均匀不粘手时，最后加入菜籽油，续翻炒至油分完全被吸收且不粘手时即熄火。

4. 将馅料取出，摊平于不锈钢浅盘中，待其完全冷却后即可使用，或密封冷冻保存。

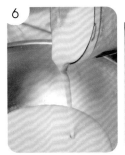

料理小秘诀
打豆沙时所加的水于后面步骤将会沥出，所以加水量以可以将白芸豆打碎、使果汁机顺利工作即可。

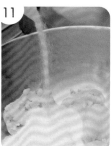
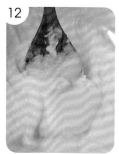

奶油核桃豆沙馅

保质期 ｜ 冷藏7天、冷冻14天

● 材料（分量约1200克）

基本白豆沙馅600克、核桃仁180克、细砂糖50克、麦芽糖100克、黄油300克

● 做法

1. 核桃仁大略切碎备用。
2. 将基本白豆沙馅放入铜锅或炒锅中，加入细砂糖与麦芽糖，以小火不断翻炒至糖完全溶化。
3. 加入核桃碎续炒至均匀不粘手时，加入奶油，续翻炒至油分完全被吸收且不粘手时即熄火。
4. 将馅料取出，摊平于不锈钢浅盘中，待其完全冷却后即可使用，或密封冷冻保存。

料理小秘诀

加入馅料的核桃仁若先烤过，香味较佳。烘烤方式请见P100烤杏仁碎的方法，并于豆沙馅炒至快完成之前，再加入炒匀即可。

芝麻豆沙馅

保质期 ｜ 冷藏7天、冷冻14天

● 材料（分量约1200克）

基本白豆沙馅600克、黑芝麻粉200克、细砂糖150克、麦芽糖100克、菜籽油150克

● 做法

1. 将基本白豆沙馅放入铜锅或炒锅中，加入细砂糖与麦芽糖，以小火不断翻炒至糖完全溶化。
2. 加入黑芝麻粉续炒至均匀不粘手时，最后加入菜籽油，续翻炒至油分完全被吸收且不粘手时即熄火。
3. 将馅料取出，摊平于不锈钢浅盘中，待其完全冷却后即可使用，或密封冷冻保存。

● **材料**（分量约1100克）

基本白豆沙馅600克、柚子酱200克、细砂糖100克、麦芽糖100克、菜籽油150克

● **做法**

1. 将基本白豆沙馅放入铜锅或炒锅中，加入细砂糖与麦芽糖，以小火不断翻炒至糖完全溶化。

2. 加入柚子酱续炒至均匀不粘手时，最后加入菜籽油，续翻炒至油分完全被吸收且不粘手时即熄火。

3. 将馅料取出，摊平于不锈钢浅盘中，待其完全冷却后即可使用，或密封冷冻保存。

香柚豆沙馅

保质期 ｜ 冷藏7天、冷冻14天

78
sword bean

牛奶豆沙馅

保质期 | 冷藏7天、冷冻14天

● 材料（分量约800克）

基本白豆沙馅600克、鲜奶200克、炼乳70克、麦芽糖100克、盐5克

● 做法

1. 将基本白豆沙馅与鲜奶、炼乳拌匀后，与麦芽糖、盐一起放入铜锅或炒锅中，以小火翻炒至糖完全溶化，再续炒至不粘手时即熄火。

2. 将馅料取出，摊平于不锈钢浅盘中，待其完全冷却后即可使用，或密封冷冻保存。

● **料理小秘诀**

1. 需购买1000～1200克的南瓜，才足够打出600克的南瓜泥。
2. 果汁机加水时，以微量水加到可搅打工作即可，若加水太多将会延长炒馅时间。

南瓜豆沙馅

保质期 | 冷藏7天、冷冻14天

● 材料（分量约1400克）

基本白豆沙馅400克、南瓜泥600克、细砂糖300克、麦芽糖200克、菜籽油250克

● 做法

1. 将南瓜切半，用汤匙挖除南瓜籽后，放入锅中蒸熟。

2. 取出南瓜，用汤匙挖出南瓜肉，放入果汁机加少许水打成泥。

3. 取600克南瓜泥倒入铜锅或炒锅中，加入细砂糖与麦芽糖，以小火翻炒煮至糖完全溶化。

4. 加入基本白豆沙馅续炒至不粘手时，最后加入菜籽油，续翻炒至油分完全被吸收且不粘手时即熄火。

5. 将馅料取出，摊平于不锈钢浅盘中，待其完全冷却后即可使用，或密封冷冻保存。

料理小秘诀

紫苏梅酱可在网络电商平台上购买。

81
sword bean

梅子豆沙馅

保质期 │ 冷藏7天、冷冻14天

● 材料（分量约1000克）

基本白豆沙馅600克、紫苏梅酱150克、细砂糖100克、麦芽糖100克、菜籽油150克

● 做法

1. 将基本白豆沙馅放入铜锅或炒锅中，加入细砂糖与麦芽糖，以小火不断翻炒至糖完全溶化。

2. 加入紫苏梅酱续炒至均匀不粘手时，最后加入菜籽油，续翻炒至油分完全被吸收且不粘手时即熄火。

3. 将馅料取出，摊平于不锈钢浅盘中，待其完全冷却后即可使用，或密封冷冻保存。

75

芒果豆沙馅

保质期 | 冷藏7天、冷冻14天

● 材料（分量约1000克）

基本白豆沙馅500克、芒果泥200克、芒果干200克、麦芽糖100克、红糖100克、水50克、菜籽油100克

● 做法

1. 芒果干切小块备用。
2. 将麦芽糖、红糖与水放入铜锅或炒锅中，以小火煮至糖完全溶化。
3. 加入芒果泥、基本白豆沙馅续翻炒至黏稠状，加入芒果干丁续翻炒至均匀不粘手。
4. 加入菜籽油，续翻炒至油分完全被吸收且不粘手时即熄火。
5. 将馅料取出，摊平于不锈钢浅盘中，待其完全冷却后即可使用，或密封冷冻保存。

料理小秘诀

芒果泥是用新鲜芒果打成泥，若非应季，可到烘焙材料店购买无糖的芒果泥。

料理小秘诀

苹果干水分含量很少，要在馅料还有水分时放入，可借此软化果干。

伯爵茶豆沙馅

保质期 | 冷藏7天、冷冻14天

● 材料（分量约800克）

基本白豆沙馅500克、伯爵茶粉20克、伯爵茶香料3克、苹果干75克、麦芽糖100克、红糖50克、水100克、菜籽油150克

● 做法

1. 苹果干切粗丁备用。
2. 将麦芽糖、红糖与水放入铜锅或炒锅中，以小火煮至糖完全溶化，放入基本白豆沙，伯爵茶粉与伯爵茶香料，翻炒约5分钟，加入苹果干丁，炒匀。
3. 加入菜籽油，续翻炒至油分完全被吸收且不粘手，即可熄火。
4. 将馅料取出，摊平于不锈钢浅盘中，待其完全冷却后即可使用，或密封冷冻保存。

◉ 材料（分量约800克）

基本白豆沙馅500克、干洛神花30克、水300克、洛神花蜜饯100克、红糖150克、麦芽糖100克、菜籽油150克

◉ 做法

1. 洛神花蜜饯切碎；干洛神花放入滚水中，以小火煮至水剩约100克，取出洛神花，花汁保留。

2. 将红糖、麦芽糖与洛神花汁放入铜锅或炒锅中，以小火煮至糖完全溶化，放入基本白豆沙翻炒至均匀不粘手。

3. 加入菜籽油，续翻炒至油分完全被吸收且不粘手，再加入洛神花蜜饯碎，续翻炒均匀，即可熄火。

4. 将馅料取出，摊平于不锈钢浅盘中，待其完全冷却后即可使用，或密封冷冻保存。

洛神豆沙馅

保质期 ｜ 冷藏7天、冷冻14天

84
sword bean

桂圆豆沙馅

保质期 | 冷藏7天、冷冻14天

◉ 材料（分量约1000克）

基本白豆沙馅600克、桂圆肉200克、细砂糖50克、麦芽糖100克、菜籽油150克

◉ 做法

1. 将基本白豆沙馅放入铜锅或炒锅中，加入细砂糖与麦芽糖，以小火不断翻炒至糖完全溶化。

2. 加入桂圆肉续炒至均匀不粘手时，最后加入菜籽油，续翻炒至油分完全被吸收且不粘手时即熄火。

3. 将馅料取出，摊平于不锈钢浅盘中，待其完全冷却后即可使用，或密封冷冻保存。

咖喱豆沙馅

保质期 | 冷藏7天、冷冻14天

◉ 材料（分量约1000克）

基本白豆沙馅600克、咖喱粉100克、细砂糖100克、麦芽糖100克、盐6克、菜籽油150克

◉ 做法

1. 将基本白豆沙馅放入铜锅或炒锅中，加入细砂糖、麦芽糖与盐，以小火不断翻炒至糖完全溶化，再续炒至不粘手时熄火备用。

2. 另起一锅，加入2大匙菜籽油（分量内）以小火加热，加入咖喱粉炒香后，再盛入白豆沙锅中翻炒均匀，最后加入剩余菜籽油，续翻炒至油分完全被吸收且不粘手时即熄火。

3. 将馅料取出，摊平于不锈钢浅盘中，待其完全冷却后即可使用，或密封冷冻保存。

●材料（分量约1200克）

A 基本白豆沙馅600克

　细砂糖150克

　麦芽糖100克

　菜籽油150克

B 瘦猪肉150克

　干香菇5朵

　红葱酥50克

●调味料

酱油2大匙

味醂2大匙

米酒3大匙

冰糖10克

盐1/2小匙

白胡椒粉1小匙

87 卤肉豆沙馅
sword bean

保质期 ｜ 冷藏7天、冷冻14天

●做法

1. 将瘦猪肉切成0.5厘米的细丝；干香菇泡水至软，去蒂切细丝备用。

2. 锅中放入2大匙菜籽油（分量外）以中火加热，放入猪肉丝炒熟至水
   分收干时，再加入香菇丝炒香，最后加入全部调味料与1碗热开水
   （分量外），以小火煮至水分收干，放入红葱酥拌匀即为卤肉料，取
   出备用。

3. 将基本白豆沙馅放入铜锅或炒锅中，加入细砂糖与麦芽糖，以小火不
   断翻炒至糖完全溶化，再续炒至不粘手。

4. 加入菜籽油，续翻炒至油分完全被吸收时，再加入做法2的卤肉料，
   续翻炒至均匀不粘手时即熄火。

5. 将馅料取出，摊平于不锈钢浅盘中，待其完全冷却后即可使用，或密
   封冷冻保存。

绿豆沙馅

Basic!
*基本绿豆沙馅

保质期 │ 冷藏4天、冷冻14天

88
green bean

● 材料（分量约1200克）

绿豆仁600克
红糖300克

● 做法

1. 绿豆仁洗净放入电炖锅内锅，加入700克的水（外锅加2杯水），蒸至熟烂（图1～图3）。

2. 取出趁热以木匙拌碎绿豆仁，或者放入果汁机加入少量水打碎（图4）。

3. 将绿豆沙与红糖一起放入铜锅或炒锅中，以小火翻炒至糖完全溶化，再续炒至不粘手时即熄火（图5～图8）。

4. 将馅料取出，摊平于不锈钢浅盘中，待其完全冷却后即可使用，或密封冷冻保存（图9）。

 料理小秘诀

果汁机加水时，以微量加到可搅打工作即可，若加水太多将会延长炒馅时间。

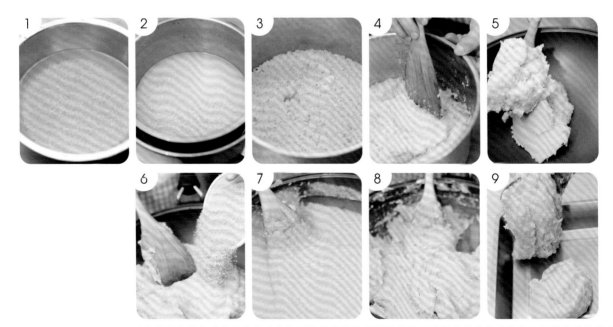

黄油绿豆沙馅

保质期 | 冷藏7天、冷冻14天

●材料（分量约800克）
基本绿豆沙馅600克
红糖100克
麦芽糖100克
黄油200克

●做法

1. 将基本绿豆沙馅放入铜锅或炒锅中，加入红糖与麦芽糖，以小火不断翻炒至糖完全溶化，再续炒至不粘手。

2. 加入黄油，续翻炒至油分完全被吸收且不粘手时即熄火。

3. 将馅料取出，摊平于不锈钢浅盘中，待其完全冷却后即可使用，或密封冷冻保存。

莲蓉馅

Basic!
❋基本莲蓉馅

保质期 | 冷藏7天、冷冻14天

90
lotus seed

● 材料（分量约900克）

去芯莲子300克、细砂糖250克、麦芽糖100克、花生油（或菜籽油）150克

● 做法

1. 莲子洗净放入电炖锅内锅，加入500克的水盖过莲子（外锅加2杯水），蒸至熟烂（图1）。

2. 将莲子取出，若有莲子未去除干净莲芯则要挑除，趁热以木匙捣成泥，或放入果汁机中加少量水打成泥（图2、图3）。

3. 将莲蓉、细砂糖与麦芽糖一起放入铜锅或炒锅中，以小火煮至糖完全溶化，再续炒至不粘手时，最后加入花生油，续翻炒至油分完全被吸收且不粘手时即熄火（图4~图7）。

4. 将馅料取出，摊平于不锈钢浅盘中，待其完全冷却后即可直接使用，或密封冷冻保存。

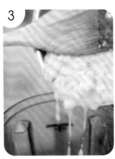

🌿 料理小秘诀 🌿

1. 果汁机加水时，以微量加到可搅打工作即可，若加水太多将会延长炒馅时间。

2. 配方中的花生油亦可依口味浓淡改用菜籽油替代。

莲蓉乌龙茶馅

保质期 │ 冷藏7天、冷冻14天

● 材料（分量约1000克）
基本莲蓉馅600克
乌龙茶20克
细砂糖100克
麦芽糖150克
菜籽油200克

● 做法

1. 将乌龙茶放入食物料理机，打磨成粉状备用。

2. 将基本莲蓉馅与细砂糖、麦芽糖一起放入铜锅或炒锅中，以小火煮至糖完全溶化，再加入乌龙茶粉，以小火翻炒至不粘手时，最后加入菜籽油，续翻炒至油分完全被吸收且不粘手时即熄火。

3. 将馅料取出，摊平于不锈钢浅盘中，待其完全冷却后即可直接使用，或密封冷冻保存。

91
lotus seed

莲蓉桂圆馅

保质期 | 冷藏7天、冷冻14天

92
lotus seed

● 材料（分量约1000克）

基本莲蓉馅600克

桂圆肉200克

细砂糖50克

麦芽糖100克

菜籽油100克

● 做法

1. 将基本莲蓉馅与细砂糖、麦芽糖一起放入铜锅或炒锅中，以小火煮至糖完全溶化，再续翻炒至不粘手。

2. 加入菜籽油，续翻炒至油分完全被吸收且开始冒泡时，加入桂圆肉拌匀即熄火。

3. 将馅料取出，摊平于不锈钢浅盘中，待其完全冷却后即可直接使用，或密封冷冻保存。

料理小秘诀

桂圆肉勿切碎，以免食用时失去好的口感。

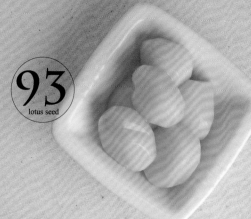

莲蓉栗子馅

93 lotus seed

保质期 | 冷藏7天、冷冻14天

● 材料（分量约700克）

基本莲蓉馅600克、糖渍栗子20颗

● 做法

1. 将糖渍栗子的水分用纸巾吸干后，切成细丁。
2. 将基本莲蓉馅与栗子丁以硅胶刮刀搅拌均匀，即可直接使用，或密封冷冻保存。

莲蓉松子馅

94 lotus seed

保质期 | 冷藏7天、冷冻14天

● 材料（分量约1000克）

基本莲蓉馅600克、细砂糖100克、麦芽糖50克、菜籽油100克、松子200克

● 做法

1. 将基本莲蓉馅放入铜锅或炒锅中，加入细砂糖与麦芽糖以小火煮至糖完全溶化，续翻炒至不粘手时，最后加入松子与菜籽油，续翻炒至油分完全被吸收且不粘手时即熄火。
2. 将馅料取出，摊平于不锈钢浅盘中，待其完全冷却后即可直接使用，或密封冷冻保存。

料理小秘诀

1. 本配方需使用以菜籽油炒的基本莲蓉馅，因为花生油味道较浓郁，会抢过松子香气，所以配方中均改用较无味的菜籽油。
2. 松子也可先入烤箱烤熟（做法请见P101），于莲蓉馅即将炒好之前加入炒匀。

红莲蓉豆沙馅

保质期 | 冷藏7天、冷冻14天

● 材料（分量约1000克）

基本莲蓉馅300克、基本红豆沙馅300克、红糖100克、麦芽糖150克、菜籽油150克

● 做法

1. 将2种馅料放入铜锅或炒锅中，加入红糖与麦芽糖以小火煮至糖完全溶化，续翻炒至不粘手时，最后加入菜籽油，续翻炒至油分完全被吸收且不粘手时即熄火。
2. 将馅料取出，摊平于不锈钢浅盘中，待其完全冷却后即可直接使用，或密封冷冻保存。

95 lotus seed

料理小秘诀

1. 本配方需使用以菜籽油炒的基本莲蓉馅，若要制作港式口味的点心时，才使用花生油炒的基本莲蓉馅。
2. 基本莲蓉馅若改成基本白豆沙馅，即为白莲蓉豆沙馅。

枣 泥 馅

Basic!

* 基本枣泥馅

保质期 | 冷藏7天、冷冻14天

96
black date

● 材料（分量约1100克）

干黑枣300克
红糖500克
麦芽糖150克
菜籽油150克

● 做法

1. 全部的黑枣用菜刀切开去籽，洗净后放入电炖锅内锅，加水400克（外锅加2杯水），蒸至熟烂（图1、图2）。

2. 取出后略加搅拌，趁热将黑枣放入果汁机，加适量水（分量外）打碎（图3、图4）。

3. 将筛网倒扣于钢盆上，取出搅碎黑枣，放在筛网上以刮板压滤，将皮滤除即成枣泥（图5、图6）。

4. 将枣泥、红糖与麦芽糖放入铜锅或炒锅中，以小火翻炒至糖完全溶化，续炒至不粘手后，最后加入菜籽油，续翻炒至油分完全被吸收且不粘手时即熄火（图7～图10）。

5. 将馅料取出，摊平于不锈钢浅盘中，待其完全冷却后即可使用，或密封冷冻保存。

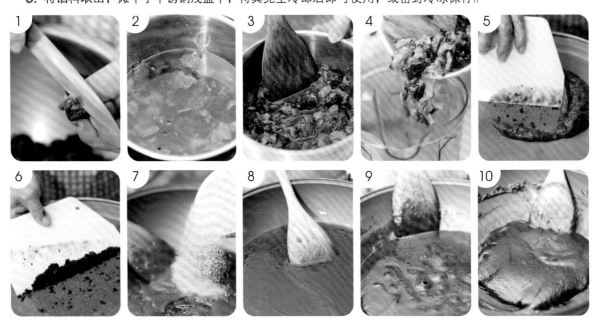

枣泥松子馅

保质期 │ 冷藏7天、冷冻14天

●材料（分量约800克）

基本枣泥馅600克
松子120克
麦芽糖80克

●做法

1. 将基本枣泥馅、麦芽糖放入铜锅或炒锅中，以小火翻炒至糖完全溶化，再续炒至不粘手时，最后加入松子续翻炒至不粘手时即熄火。

2. 将馅料取出，摊平于不锈钢浅盘中，待其完全冷却后即可使用，或密封冷冻保存。

料理小秘诀

加入馅料的核果若先烘烤过，香味则会较佳。烘烤方式请见P101，并于枣泥馅炒至快完成之前，再加入核果炒匀即可。

97
black date

98
black date

枣泥核桃馅

保质期 │ 冷藏7天、冷冻14天

●材料（分量约800克）

基本枣泥馅600克
核桃仁150克
麦芽糖80克

●做法

1. 核桃仁大略切碎备用。

2. 将基本枣泥馅、麦芽糖放入铜锅或炒锅中，以小火翻炒至糖完全溶化，再续炒至不粘手时，最后加入核桃碎续翻炒至不粘手即熄火。

3. 将馅料取出，摊平于不锈钢浅盘中，待其完全冷却后即可使用，或密封冷冻保存。

地 瓜 馅

Basic!
*基本地瓜馅

sweet potato

99

保质期 | 冷藏4天、冷冻14天

● **材料**（分量约1500克）

黄心地瓜1200克
细砂糖400克
麦芽糖200克

● **做法**

1. 地瓜去皮切成约1厘米厚的片状，放入锅中蒸熟，取出趁热用木匙压成泥状（图1~图3）。

2. 将地瓜泥放入铜锅或炒锅中，加入细砂糖与麦芽糖，以小火不断翻炒至糖完全溶化，续翻炒至不粘手时即熄火（图4、图5）。

3. 将馅料取出，摊平于不锈钢浅盘中，待其完全冷却后即可使用，或密封冷冻保存。

1	2	3	4	5
				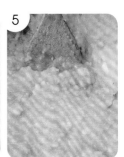

地瓜块馅

保质期 | 冷藏7天、冷冻14天

● 材料（分量约1000克）

基本地瓜馅600克、红心地瓜300克、麦芽糖200克

● 做法

1. 红心地瓜去皮洗净后，切成约1厘米厚的正方块状备用。

2. 将麦芽糖放入铜锅或炒锅中，以小火煮至溶化，加入地瓜块煮熟至成为地瓜糖块。

3. 将基本地瓜馅加入做法2的锅中，以小火不断翻炒至不粘手时即熄火。

4. 将馅料取出，摊平于不锈钢浅盘中，待其完全冷却后即可使用，或密封冷冻保存。

黄油地瓜馅

保质期 | 冷藏7天、冷冻14天

● 材料（分量约900克）

基本地瓜馅600克、细砂糖50克、麦芽糖100克、黄油150克

● 做法

1. 将基本地瓜馅放入铜锅或炒锅中，加入细砂糖与麦芽糖，以小火不断翻炒至糖完全溶化，续炒至不粘手时，最后加入黄油，续翻炒至油分完全被吸收且不粘手时即熄火。

2. 将馅料取出，摊平于不锈钢浅盘中，待其完全冷却后即可使用，或密封冷冻保存。

芋 泥 馅

Basic!

102
taro

＊基本芋泥馅

保质期 ｜ 冷藏4天、冷冻14天

● 材料（分量约900克）

芋头600克
红糖300克
麦芽糖150克

● 做法

1. 芋头去皮后洗净，切成约1厘米厚的片状，放入锅中蒸熟，取出趁热用木匙压成泥状。

2. 将芋泥放入铜锅或炒锅中，加入红糖与麦芽糖，以小火不断翻炒至糖完全溶化，再续炒至不粘手时即熄火。

3. 将馅料取出，摊平于不锈钢浅盘中，待其完全冷却后即可使用，或密封冷冻保存。

芋泥地瓜馅

保质期 ｜ 冷藏7天、冷冻14天

103
taro

● 材料（分量约1200克）

基本芋泥馅400克、基本地瓜馅400克（做法参见P88）、红糖100克、麦芽糖100克、菜籽油250克

● 做法

1. 将2种馅料放入铜锅或炒锅中，加入红糖与麦芽糖，以小火不断翻炒至糖完全溶化，再续炒至不粘手时，最后加入菜籽油，续翻炒至油分完全被吸收且不粘手时即熄火。

2. 将馅料取出，摊平于不锈钢浅盘中，待其完全冷却后即可使用，或密封冷冻保存。

山药馅

yam

Basic!

*基本山药馅

保质期 | 冷藏7天、冷冻14天

●材料（分量约1400克）

紫山药600克
紫薯300克
细砂糖400克
麦芽糖200克
菜籽油200克

●做法

1. 紫山药、紫薯分别去皮后洗净，均切成约1厘米厚的片状，放入锅中蒸熟，取出趁热用木匙混合压成泥状山药。

2. 将芋头地瓜泥放入铜锅或炒锅中，加入细砂糖与麦芽糖，以小火不断翻炒至糖完全溶化，续炒至不粘手时，最后加入菜籽油，续翻炒至油分完全被吸收且不粘手时即熄火。

3. 将馅料取出，摊平于不锈钢浅盘中，待其完全冷却后即可使用，或密封冷冻保存。

 料理小秘诀

山药的色泽不够鲜艳，所以配方中添加紫薯可使山药馅色泽较美观。

枸杞山药馅

保质期 | 冷藏7天、冷冻14天

●材料（分量约900克）

基本山药馅600克、枸杞150克、细砂糖100克、麦芽糖50克、菜籽油50克

●做法

1. 枸杞洗净沥干后，以纸巾吸干备用。

2. 将基本山药泥放入铜锅或炒锅中，加入细砂糖与麦芽糖，以小火不断翻炒至糖完全溶化，续炒至不粘手时，最后加入枸杞与菜籽油，续翻炒至油分完全被吸收且不粘手时即熄火。

3. 将馅料取出，摊平于不锈钢浅盘中，待其完全冷却后即可使用，或密封冷冻保存。

105
yam

凤 梨 馅

Basic!
✳基本凤梨馅

保质期 | 冷藏7天、冷冻14天

106
pineapple

● 材料（分量约2500克）

去皮新鲜凤梨（中等大小）2个、新鲜冬瓜
1200克、冰糖600克、麦芽糖200克、黄油
300克

● 做法

1. 凤梨切成细丝，冬瓜去皮切薄块备用。

2. 将冬瓜块放入锅中蒸熟，取出，用菜刀压碎，放入豆浆袋中挤干水分，取出备用
   （图1、图2）。

3. 将凤梨丝放入豆浆袋中挤干（挤出的凤梨汁要留400克）备用（图3）。

4. 将凤梨汁与冰糖、麦芽糖放入铜锅或炒锅中，以小火加热煮至溶化，续加入凤梨丝与
   冬瓜碎拌煮至不粘手，最后加入黄油，续煮至油分完全被吸收且收汁浓稠、不粘手时
   即熄火（图4~图8）。

5. 将馅料取出，摊平于不锈钢浅盘中，待其完全冷却后即可使用，或密封冷冻保存。

料理小秘诀
冬瓜切勿蒸过久至熟烂，
否则会化掉无法炒馅。

魔芋凤梨馅

保质期 | 冷藏7天、冷冻14天

● 材料（分量约1000克）

基本凤梨馅600克、新鲜凤梨汁300克、白色魔芋块200克、冰糖50克、麦芽糖100克、黄油50克

● 做法

1. 魔芋洗净，切成宽0.3厘米、长5厘米的细条状备用。

2. 将凤梨汁与冰糖、麦芽糖放入铜锅或炒锅中，以小火加热煮至糖完全溶化，续加入魔芋条拌煮至水分稍收干且不粘手。

3. 加入基本凤梨馅拌煮至均匀不粘手时，最后加入黄油，续翻炒至油分完全被吸收且不粘手时即熄火。

4. 将馅料取出，摊平于不锈钢浅盘中，待其完全冷却后即可使用，或密封冷冻保存。

椰子凤梨馅

保质期 | 冷藏7天、冷冻14天

● 材料（分量约850克）

基本凤梨馅600克、去壳椰子2个、新鲜凤梨汁200克、冰糖50克、麦芽糖50克、黄油50克

● 做法

1. 将椰子剖开，倒出椰子水，用汤匙刮下白色果肉，切成小丁备用。

2. 将凤梨汁与冰糖、麦芽糖放入铜锅或炒锅中，以小火加热煮至糖完全溶化，续加入椰子肉拌煮至水分稍收干且不粘手。

3. 加入基本凤梨馅拌煮至均匀不粘手时，最后加入黄油，续翻炒至油分完全被吸收且不粘手时即熄火。

4. 将馅料取出，摊平于不锈钢浅盘中，待其完全冷却后即可使用，或密封冷冻保存。

奶黄馅

Basic!

＊基本奶黄馅

保质期 ｜ 冷藏3天、冷冻7天

109
custard

● 材料（分量约500克）

A蛋3个、淡奶40克、动物性鲜奶油60克、细砂
　糖70克

B低筋面粉40克、奶粉20克、蛋黄粉30克

C黄油60克、咸蛋黄5个

● 做法

1. 先将咸蛋黄用米酒（分量外）浸泡略微搓洗过加以去腥消毒，取出排入烤盘
中，放入已预热烤箱中，以150℃烤约10分钟至熟，冷却后切碎备用。

2. 将材料A的蛋用打蛋器打散，加入其余材料A，混合拌匀备用（图1、图2）。

3. 全部材料B混合过筛，加入做法2的蛋汁中以打蛋器搅拌均匀（图3、图4）。

4. 将做法3的面糊以隔水加热的方式，边煮边搅拌直至呈现浓稠状，加入黄油拌
至完全融化，最后加入切碎的咸蛋黄拌匀，待其完全冷却后即可直接使用，
或密封冷冻保存（图5～图9）。

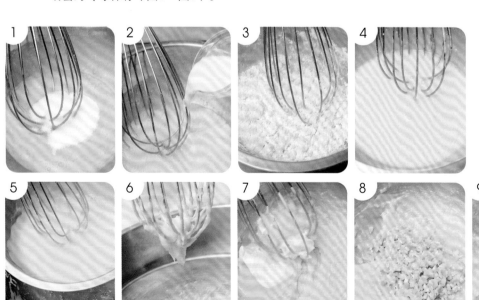

110 custard 椰子奶黄馅

保质期 | 冷藏3天、冷冻7天

● 材料（分量约360克）

基本奶黄馅300克
椰子粉60克

● 做法

将基本奶黄馅放入大碗中，加入
椰子粉以打蛋器搅拌均匀成团，
即为馅料。

奶 酥 馅

Basic!
✽基本奶酥馅

保质期 | 冷藏4天、冷冻14天

111
crumble

● 材料（分量约850克）

软化黄油280克
糖粉230克
盐2克
全蛋60克
奶粉280克

● 做法

1. 将黄油放入钢盆中，以打蛋器稍打匀后，加入糖粉与盐续拌匀，并以同方向打至黄油微发（图1～图3）。

2. 加入蛋搅拌均匀后，再加入奶粉以硅胶刮刀拌匀成团，即可直接使用，或密封冷冻保存（图4～图7）。

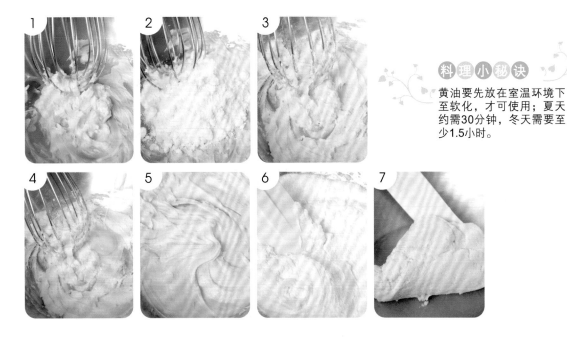

料理小秘诀
黄油要先放在室温环境下至软化，才可使用；夏天约需30分钟，冬天需要至少1.5小时。

椰香奶酥馅

保质期 │ 冷藏4天、冷冻14天

● 材料（分量约980克）

软化黄油280克、糖粉230克、盐2克、全蛋90克、奶粉280克、椰子粉100克

● 做法

1. 将黄油放入钢盆中，以打蛋器稍打匀后，加入糖粉与盐续拌匀，并以同方向打至黄油微发。

2. 加入蛋搅拌均匀后，再加入奶粉以硅胶刮刀拌匀，最后加入椰子粉拌匀成团，即可直接使用，或密封冷冻保存。

112
crumble

113
crumble

酒渍蔓越莓奶酥馅

保质期 | 冷藏4天、冷冻14天

● 材料（分量约1000克）

软化黄油280克、糖粉
230克、盐2克、全蛋50
克、奶粉280克、蔓越莓
干100克、朗姆酒100克

● 做法

1. 将蔓越莓干浸泡在朗姆酒中至软备用。

2. 将黄油放入钢盆中，以打蛋器稍打匀后，加入糖粉与
   盐续拌匀，并以同方向打至黄油微发。

3. 加入蛋搅拌均匀后，再加入奶粉以硅胶刮刀拌匀，
   最后加入做法1的酒渍蔓越莓拌匀成团，即可直接使
   用，或密封冷冻保存。

蜂蜜奶酥馅

保质期 │ 冷藏4天、冷冻14天

● 材料（分量约700克）

软化黄油250克

蜂蜜100克

糖粉100克

盐2克

奶粉280克

● 做法

1. 将黄油放入钢盆中，以打蛋器稍打匀后，加入蜂蜜拌匀，再加入糖粉与盐续拌匀，并以同方向打至黄油微发。

2. 加入奶粉以硅胶刮刀拌匀成团，即可直接使用，或密封冷冻保存。

114
crumble

杏仁奶酥馅

保质期 │ 冷藏4天、冷冻14天

115
crumble

●材料（分量约970克）

软化黄油250克

糖粉230克

盐2克

全蛋60克

奶粉280克

杏仁粉50克

烤熟杏仁碎100克

●做法

1. 将黄油放入钢盆中，以打蛋器稍打匀后，加入糖粉与盐续拌匀，并以同方向打至黄油微发。

2. 加入蛋搅拌均匀后，再加入奶粉、杏仁粉以硅胶刮刀拌匀，最后加入烤熟的杏仁碎拌匀成团，即可直接使用，或密封冷冻保存。

料理小秘诀

杏仁碎是用上下火150℃，烤到杏仁碎外观呈现金黄色。

巧克力豆奶酥馅

保质期 | 冷藏4天、冷冻14天

● 材料（分量约970克）

软化黄油250克、糖粉230克、盐2克、全蛋液60克、奶粉280克、巧克力豆150克

● 做法

1. 将黄油放入钢盆中，以打蛋器稍打匀后，加入糖粉与盐续拌匀，并以同方向打至黄油微发。

2. 加入全蛋液搅拌均匀后，再加入奶粉以硅胶刮刀拌匀，最后加入巧克力豆拌匀成团，即可直接使用，或密封冷冻保存。

116
crumble

芝麻馅

Basic!

*基本芝麻馅

保质期 │ 冷藏7天、冷冻14天

117
sesame

● 材料（分量约1250克）

黑芝麻粉700克
绵白糖300克
菜籽油250克

● 做法

1. 将黑芝麻粉与绵白糖用汤匙拌匀（图1、图2）。

2. 加入菜籽油，用汤匙或木匙拌匀成团，即可直接使用，或密封冷冻保存（图3、图4）。

料理小秘诀

绵白糖属于白糖的一种，口感比细砂糖更加绵密，入口易化，在一般超市即可买到。

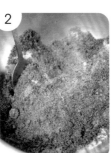

118 松子芝麻馅

保质期 | 冷藏7天、冷冻14天

○ 材料（分量约750克）
基本芝麻馅600克、松子150克

○ 做法
1. 将松子放入已预热的烤箱，以上下火150℃烤约20分钟至熟、松子散发香味，取出待凉。
2. 将松子与基本芝麻馅混合搅拌均匀，即可直接使用，或密封冷冻保存。

核桃芝麻馅 119

保质期 | 冷藏7天、冷冻14天

○ 材料（分量约780克）
基本芝麻馅600克、核桃仁180克

○ 做法
1. 将核桃仁放入已预热的烤箱，以上下火150℃烤约20分钟至熟、核桃仁散发香味，取出待凉后大致切碎。
2. 将核桃碎与基本芝麻馅混合拌匀，即可直接使用，或密封冷冻保存。

夏威夷豆芝麻馅

保质期 | 冷藏7天、冷冻14天

○ 材料（分量约780克）
基本芝麻馅600克、夏威夷豆180克

○ 做法

120

1. 将夏威夷豆放入已预热烤箱，以上下火150℃烤约20分钟至熟、夏威夷豆散发香味，取出待凉后大略切碎。
2. 将切碎夏威夷豆与基本芝麻馅混合拌匀，即可直接使用，或密封冷冻保存。

咖啡馅

Basic!
✳ 基本咖啡馅

保质期 | 冷藏7天、冷冻14天

121
coffee

● 材料（分量约1000克）

基本白豆沙馅600克

即溶咖啡粉50克

细砂糖150克

麦芽糖100克

菜籽油200克

● 做法

1. 将白豆沙馅放入铜锅或炒锅中，加入细砂糖与麦芽糖，以小火不断翻炒至糖完全溶化，再续炒至不粘手（图1、图2）。

2. 加入即溶咖啡粉续炒至完全溶化、不粘手时，最后加入菜籽油，续翻炒至油分完全被吸收且不粘手时即熄火（图3、图4）。

3. 将馅料取出，摊平于不锈钢浅盘中，待其完全冷却后即可直接使用，或密封冷冻保存。

拿铁咖啡馅

保质期 │ 冷藏7天、冷冻14天

● **材料**（分量约1200克）

基本白豆沙馅600克
即溶咖啡粉50克
鲜奶200克
细砂糖150克
麦芽糖100克
菜籽油200克

● **做法**

1. 将白豆沙与鲜奶拌匀后，放入铜锅或炒锅中，加入细砂糖与麦芽糖，以小火不断翻炒至糖完全溶化，再续炒至不粘手。

2. 加入即溶咖啡粉续炒至完全溶化、不粘手时，最后加入菜籽油，续翻炒至油分完全被吸收且不粘手时即熄火。

3. 将馅料取出，摊平于不锈钢浅盘中，待其完全冷却后即可直接使用，或密封冷冻保存。

122
coffee

123 卡布奇诺馅
coffee

保质期 | 冷藏7天、冷冻14天

● 材料（分量约1200克）

基本白豆沙馅600克、即溶咖啡粉50克、肉桂粉10克、鲜奶150克、细砂糖150克、麦芽糖100克、菜籽油200克

● 做法

1. 将白豆沙馅放入锅中，加入鲜奶、细砂糖与麦芽糖，以小火不断翻炒至糖完全溶化，再续炒至不粘手。

2. 加入咖啡粉与肉桂粉，续炒至完全溶化、不粘手时，最后加入菜籽油，续翻炒至油分完全被吸收且不粘手时即熄火。取出摊平待其完全冷却后即可使用，或密封冷冻保存。

124 碳烧咖啡馅
coffee

保质期 | 冷藏7天、冷冻14天

● 材料（分量约1100克）

基本白豆沙馅600克、碳烧即溶咖啡粉50克、细砂糖150克、麦芽糖100克、菜籽油200克

● 做法

1. 将白豆沙馅放入锅中，加入细砂糖与麦芽糖，以小火不断翻炒至糖完全溶化，再续炒至不粘手。

2. 加入咖啡粉续炒至完全溶化、不粘手时，最后加入菜籽油，续翻炒至油分完全被吸收且不粘手时即熄火。取出摊平待其完全冷却后即可使用，或密封冷冻保存。

125
coffee

焦糖玛奇朵馅

保质期 | 冷藏7天、冷冻14天

● 材料（分量约1250克）

基本白豆沙馅600克、即溶咖啡粉50克、鲜奶150克、焦糖糖浆200克、麦芽糖100克、菜籽油200克

● 做法

1. 将白豆沙馅放入锅中，加入鲜奶、细砂糖与焦糖糖浆，以小火不断翻炒至糖完全溶化，再续炒至不粘手。

2. 加入咖啡粉续炒至完全溶化、不粘手时，最后加入菜籽油，续翻炒至油分完全被吸收且不粘手时即熄火。取出摊平待其完全冷却后即可使用，或密封冷冻保存。

126
coffee

枫糖玛奇朵馅

保质期 | 冷藏7天、冷冻14天

● 材料（分量约1200克）

基本白豆沙馅600克、即溶咖啡粉50克、鲜奶150克、枫糖糖浆200克、麦芽糖100克、菜籽油200克

● 做法

1. 将白豆沙馅放入锅中，加入鲜奶、枫糖糖浆与麦芽糖，以小火不断翻炒至糖完全溶化，再续炒至不粘手。

2. 加入咖啡粉续炒至完全溶化、不粘手时，最后加入菜籽油，续翻炒至油分完全被吸收且不粘手时即熄火。取出摊平待其完全冷却后即可使用，或密封冷冻保存。

巧克力馅

Basic!

※基本巧克力馅

保质期 | 冷藏7天、冷冻14天

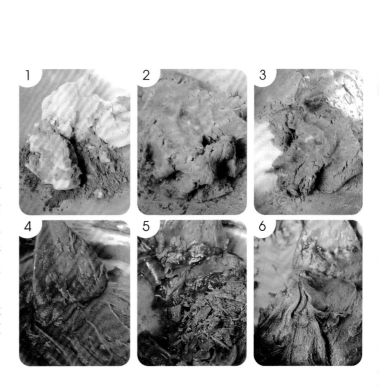

127
chocolate

● 材料（分量约1200克）

基本白豆沙馅600克

苦甜巧克力150克

可可粉20克

细砂糖150克

麦芽糖100克

菜籽油200克

● 做法

1. 将苦甜巧克力以菜刀切碎，或用削皮刀削成细碎备用。

2. 将白豆沙馅放入铜锅或炒锅中，加入可可粉用手揉至均匀（图1、图2）。

3. 加入细砂糖与麦芽糖，以小火不断翻炒至糖完全溶化，再续炒至不粘手时，加入菜籽油续翻炒至油分完全被吸收，最后加入巧克力碎，续翻炒至完全均匀且不粘手时即熄火（图3～图6）。

4. 将馅料取出，摊平于不锈钢浅盘中，待其完全冷却后即可直接使用，或密封冷冻保存。

柠檬巧克力馅

保质期 | 冷藏7天、冷冻14天

●材料（分量约1200克）

基本白豆沙馅600克
柠檬巧克力250克
细砂糖100克
麦芽糖100克
菜籽油200克

●做法

1. 将柠檬巧克力以菜刀切碎，或用削皮刀削成细碎备用。

2. 将白豆沙馅放入铜锅或炒锅中，加入细砂糖与麦芽糖，以小火不断翻炒至糖完全溶化，再续炒至不粘手时，加入菜籽油续翻炒至油分完全被吸收，最后加入巧克力碎，续翻炒至完全均匀且不粘手时即熄火。

3. 将馅料取出，摊平于不锈钢浅盘中，待其完全冷却后即可直接使用，或密封冷冻保存。

卡 布 奇 诺

128 chocolate 柠 檬

129 chocolate

卡布奇诺可可馅

●材料（分量约1200克）

A基本白豆沙馅600克
B鲜奶150克
　麦芽糖100克
　细砂糖150克
C苦甜巧克力100克
　即溶咖啡粉30克
　可可粉10克
　肉桂粉10克
D菜籽油200克

保质期 | 冷藏7天、冷冻14天

●做法

1. 将苦甜巧克力以菜刀切碎，或用削皮刀削成细碎备用。

2. 将白豆沙馅与鲜奶拌匀后，放入铜锅或炒锅中，加入其余材料B以小火不断翻炒至糖完全溶化，续炒至不粘手时，再加入材料C续炒至不粘手，最后加入菜籽油，续翻炒至油分完全被吸收且不粘手时即熄火。

3. 将馅料取出，摊平于不锈钢浅盘中，待其完全冷却后即可直接使用，或密封冷冻保存。

榛果巧克力馅

保质期 | 冷藏7天、冷冻14天

材料（分量约1300克）

基本白豆沙馅600克、苦甜巧克力200克、榛果酱200克、麦芽糖100克、细砂糖50克、菜籽油200克

做法

1. 将苦甜巧克力以菜刀切碎，或用削皮刀削成细碎备用。

2. 将白豆沙馅放入锅中，加入细砂糖与麦芽糖，以小火不断翻炒至糖完全溶化，再续炒至不粘手时，加入榛果酱与巧克力碎续翻炒至均匀不粘手。

3. 加入菜籽油，续翻炒至油分完全被吸收且不粘手时即熄火，取出摊平冷却后即可使用，或密封冷冻保存。

130 chocolate

榛果酱

椰子粉

131 chocolate

132 chocolate

花生酱

椰子巧克力馅

保质期 | 冷藏7天、冷冻14天

材料（分量约1250克）

基本白豆沙馅600克、牛奶巧克力150克、可可粉20克、椰子粉60克、麦芽糖100克、细砂糖150克、菜籽油200克

做法

1. 将牛奶巧克力以菜刀切碎，或用削皮刀削成细碎备用。

2. 将白豆沙馅放入锅中，加入细砂糖与麦芽糖，以小火不断翻炒至糖完全溶化，再续炒至不粘手时，加入可可粉、巧克力碎与椰子粉，续翻炒至均匀不粘手。

3. 加入菜籽油，续翻炒至油分完全被吸收且不粘手时即熄火，取出摊平冷却后即可使用，或密封冷冻保存。

花生巧克力馅

保质期 | 冷藏7天、冷冻14天

材料（分量约1350克）

基本白豆沙馅600克、苦甜巧克力200克、花生酱200克、麦芽糖100克、细砂糖100克、菜籽油200克

做法

1. 将苦甜巧克力以菜刀切碎，或用削皮刀削成细碎备用。

2. 将白豆沙馅放入锅中，加入细砂糖与麦芽糖，以小火不断翻炒至糖完全溶化，再续炒至不粘手时，加入花生酱与巧克力碎，续翻炒至均匀不粘手。

3. 加入菜籽油，续翻炒至油分完全被吸收且不粘手时即熄火，取出摊平待其完全冷却后即可使用，或密封冷冻保存。

抹 茶 馅

Basic!
❄ 原味抹茶馅

保质期 │ 冷藏7天、冷冻14天

133
green tea

● 材料（分量约1500克）

白芸豆600克、抹茶粉20克、细砂糖400克、
麦芽糖100克、菜籽油200克

● 做法

1. 白芸豆洗净，加水盖过白芸豆，浸泡4～8小时后，倒出水。

2. 准备一锅滚水，将白芸豆放入锅中，以大火煮至豆皮可轻易脱除时，捞出冷却后以手剥去外皮。

3. 另备一锅滚水，将去皮后的白芸豆加入锅中，以大火煮至熟烂。

4. 趁热放入果汁机中，加适量水（分量外），打成泥后倒入钢盆中，在水龙头底下活水慢流1小时，或以静置换水4～5次的方式，进行漂水洗沙。

5. 将漂水后的白豆沙倒入豆浆袋中，用手挤干水分进行脱水（勿完全挤干）备用。

6. 将白豆沙与细砂糖、麦芽糖放入铜锅或炒锅中，以小火翻炒至糖完全溶化，续炒至不粘手时，再加入菜籽油，续翻炒至油分完全被吸收且不粘手（图1～图3）。

7. 最后加入抹茶粉续翻炒至均匀不粘手即熄火（图4、图5）。

8. 将馅料取出，摊平于不锈钢浅盘中，待其完全冷却后即可直接使用，或密封冷冻保存。

料理小秘诀

使用日本进口料理用特级抹茶粉，
颜色及香气都较佳，也可使用一般
抹茶粉或绿茶粉代替。

1

2

3

4

5

134

green tea

抹茶莲蓉馅

保质期 | 冷藏7天、冷冻14天

● 材料（分量约1300克）

基本白豆沙馅300克（做法参见P70）、基本莲蓉馅600克（做法参见P82）、抹茶粉40克、细砂糖100克、麦芽糖100克、菜籽油200克

● 做法

1. 将2种馅料放入锅中，加入细砂糖、麦芽糖，以小火翻炒至糖完全溶化，再续炒至不粘手时，加入抹茶粉拌匀续炒至不粘手。

2. 加入菜籽油，续翻炒至油分完全被吸收且不粘手时即熄火，取出待其完全冷却后即可使用，或密封冷冻保存。

抹茶栗子馅

保质期 | 冷藏7天、冷冻14天

● 材料（分量约700克）

原味抹茶馅600克、糖渍栗子20颗

● 做法

1. 将糖渍栗子的水分以纸巾吸干后，切成细丁。

2. 将原味抹茶馅与栗子丁以硅胶刮刀搅拌均匀，即可直接使用，或密封冷冻保存。

135

green tea

136

green tea

抹茶奶酥馅

保质期 | 冷藏7天、冷冻14天

● 材料（分量约890克）

黄油300克、糖粉230克、盐2克、全蛋液60克、奶粉280克、抹茶粉20克

● 做法

1. 将黄油放入钢盆中，以打蛋器稍打匀后，加入糖粉与盐续拌匀，并以同方向打至黄油微发。

2. 加入蛋搅拌均匀后，再加入奶粉、抹茶粉以硅胶刮刀拌匀成团，即可直接使用，或密封冷冻保存。

137

green tea

抹茶松子馅

保质期 | 冷藏7天、冷冻14天

● 材料（分量约950克）

原味抹茶馅600克、松子120克、细砂糖100克、麦芽糖100克、菜籽油50克

● 做法

1. 将松子放入已预热的烤箱，以上下火150℃烤约20分钟至熟、松子散发香味即可。

2. 将原味抹茶馅放入锅中，加入细砂糖、麦芽糖以小火翻炒至糖完全溶化，续炒至不粘手时，最后加入松子与菜籽油，续翻炒至油分完全被吸收且不粘手时即熄火。

3. 将馅料取出，摊平于不锈钢浅盘中，待其完全冷却后即可直接使用，或密封冷冻保存。

南 瓜 馅

Basic!
*基本南瓜馅

保质期 | 冷藏7天、冷冻14天

●材料 (分量约900克)

栗子南瓜800克

麦芽糖200克

红糖100克

水100克

菜籽油50克

●做法

1. 南瓜去蒂后切半，用汤匙挖除南瓜籽，放入锅中蒸熟，取出趁热连皮用木匙压成泥状（图1～图3）。

2. 将麦芽糖、红糖与水放入铜锅或炒锅中，以小火煮至糖完全溶化，放入做法1的南瓜泥炒匀（图4～图7）。

3. 加入菜籽油，续翻炒至油分完全被吸收且不粘手时即熄火（图8、图9）。

4. 将馅料取出，摊平于不锈钢浅盘中，待其完全冷却后即可使用，或密封冷冻保存。

料理小秘诀

做南瓜馅建议选用栗子南瓜，水分较少，口感较酥松。

139 pumpkin

卡仕达南瓜馅

保质期 ｜ 冷藏7天、冷冻14天

● 材料（分量约600克）

基本南瓜馅300克
卡仕达粉100克
鲜奶250克

● 做法

1. 将卡仕达粉和鲜奶拌匀。
2. 基本南瓜馅中加入做法1拌好的卡仕达粉，拌匀，即可直接使用，或密封冷冻保存。

料理小秘诀
卡仕达粉可至烘焙材料行购买。

140 pumpkin

海盐棉花糖南瓜馅

保质期 ｜ 冷藏7天、冷冻14天

● 材料（分量约600克）

基本南瓜馅500克
棉花糖100克
海盐5克

● 做法

1. 将基本南瓜馅放入铜锅或炒锅中，加入海盐，以小火不断翻炒至盐完全溶化，续炒至不粘手时熄火，加入棉花糖，拌均匀。
2. 将馅料取出，摊平于不锈钢浅盘中，待其完全冷却后即可使用，或密封冷冻保存。

料理小秘诀
棉花糖若买到大颗的，可先剪成小丁；这里不放入棉花糖拌炒，是为了避免棉花糖溶化。

花 生 馅

Basic!
*基本花生馅

保质期 | 冷藏7天、冷冻14天

141
peanut

● 材料（分量约600克）
熟花生粉300克
绵白糖150克
花生油150克

● 做法

1. 将熟花生粉与绵白糖用汤匙拌匀（图1、图2）。

2. 加入花生油，用汤匙或木匙拌匀成团，即可直接使用，或密封冷冻保存（图3、图4）。

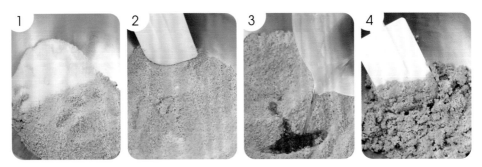

黄油花生馅

保质期 │ 冷藏7天、冷冻14天

● 材料（分量约550克）

软化黄油150克
绵白糖100克
炼乳50克
熟花生粉250克

● 做法

1. 将黄油放入钢盆中，以打蛋器稍打匀后，加入绵白糖与炼乳拌匀，并以同方向打至黄油微发。
2. 加入花生粉以硅胶刮刀拌匀成团，即可直接使用，或密封冷冻保存。

料理小秘诀

黄油要放置于室温至软化，才可使用。

花豆花生馅

保质期 │ 冷藏7天、冷冻14天

● 材料（分量约450克）

基本花生馅300克
市售花豆150克

● 做法

1. 花豆略切成小粒状。
2. 基本花生馅中加入花豆粒，以硅胶刮刀拌匀成团，即可直接使用，或密封冷冻保存。

料理小秘诀

这里的花生粉要选用熟花生粉，可到烘焙材料店或超市选购。

Sample!

黑糖地瓜包

成品数量 | 20个　　**保质期** | 蒸好冷冻7天

● 外皮材料

高筋面粉400克

低筋面粉200克

酵母粉6克

泡打粉6克

黑糖80克

水300克

色拉油40克

● 内馅材料

基本地瓜馅400克

● 做法

1. 内馅请参照P88基本地瓜馅制作备用。

2. 基本地瓜馅分成20等份，搓圆备用。

3. 高筋、低筋面粉混合过筛，与酵母粉、泡打粉拌匀，筑成粉墙；黑糖、水先拌溶，再倒入粉墙中混拌均匀，倒入色拉油，揉成光滑面团，放入料理盆中，盖上保鲜膜，松弛5～10分钟。

4. 面团分切成大块，再分别搓成长条状，分切成每个50克，滚成圆球状，静置松弛5分钟，再擀成外缘薄、中间厚，直径8～10厘米的圆面皮备用（图1）。

5. 取一圆面皮，包入1个地瓜馅，如图所示收口捏成包子形，收口朝下，垫上裁切成适当大小的白报纸，间隔排入蒸笼中，表皮盖上红印，加盖静置发酵30分钟备用（图2～图7）。

6. 水沸后将蒸笼架于蒸锅上，以中小火蒸约10～12分钟即完成。

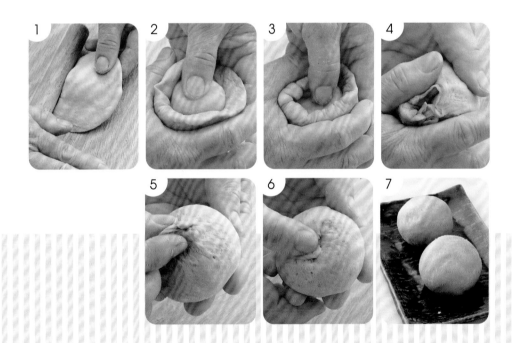

料理小秘诀

表面红印是以食用红色色素制作而成。红色素1～2滴、水1小匙调匀，将4支竹筷子合拢后用橡皮筋固定，以食用端轻轻沾上红色素（不可沾太多，以免在包子表皮晕开），印在包子上即可。

枣泥煎饼

成品数量 | 4个 　 保质期 | 现煎现吃

●外皮材料

中筋面粉120克

水淀粉20克

全蛋1个

水260克

色拉油20克

●内馅材料

基本枣泥馅200克

●做法

1. 内馅请参照P86基本枣泥馅制作备用。

2. 将外皮材料全部搅拌均匀为面糊备用（图1）。

3. 取一平底锅烧热，锅面抹上一层薄油（分量外），舀入1匙面糊，慢慢转动平底锅，使面糊均匀摊开成一张薄饼，煎熟后取出备用；依次将面糊煎完（图2、图3）。

4. 将枣泥馅分成4等份，分别放入裁开的塑胶袋内，先用手压扁后，再用擀面棍杆开压平，成为长15厘米×宽10厘米的长方片（图4）。

5. 将枣泥片放在煎好的薄饼中间，将上方饼皮折起，边缘用手涂少许面糊以利粘合，再将另一侧饼皮盖上，顺着枣泥馅形状，将周边的饼皮全包住（图5～图7）。

6. 取一平底锅烧热，倒入5大匙色拉油（分量外），将锅饼放入半煎炸至两面皆呈金黄色，取出再切成长块即可（图8）。

料理小秘诀

1. 中筋面粉的筋度最适合制作锅饼，也可依个人喜好，添加少许低筋面粉，口感会较松软，或添加高筋面粉增加饼皮弹性。亦可撒上白芝麻再煎，更有香气。

2. 枣泥馅也可换成红豆沙馅或绿豆沙馅，并拌入2大匙芝麻粉增加香气减少甜腻感。

台式月饼

成品数量 | 12个　　保质期 | 冷藏7天、冷冻14天

料理小秘诀

将放凉的月饼用玻璃纸包起来，
放3天后再食用，风味更佳。

● 外皮材料

A 黄油42克
　糖粉63克
　麦芽糖28克
　全脂奶粉10克
　盐2克
B 全蛋液28克
　小苏打粉1克
　低筋面粉140克

● 内馅材料

黄油红豆沙馅420克
原味抹茶馅420克

● 做法

1. 2种内馅请分别参照P65奶油红豆沙馅，以及P108原味抹茶馅制作备用。

2. 制作糕皮：将全部材料A放入钢盆中搅拌至六分发呈乳白色，加入全蛋拌匀，再加入小苏打粉拌匀（图1、图2）。

3. 将低筋面粉过筛后筑成粉墙，加入做法2的糊，拌揉成为无粉粒的面团，盖上保鲜膜松弛20~30分钟，搓成长条状后，再切成12等份备用（图3~图7）。

4. 将黄油红豆沙馅和原味抹茶馅分别等分成每个70克，全部搓圆备用。

5. 将做法3的糕皮擀成约7~8厘米的圆面皮，包入内馅，如图所示收口捏紧后朝下排放（图8~图10）。

6. 月饼模凹槽撒少许面粉后扣出，将包好内馅的月饼收口朝上压入模中至紧实，在桌面上轻敲饼模两侧使其脱模，将月饼排入烤盘中（图11~图14）。

7. 放入已预热烤箱中，以上火230℃、下火220℃，烘烤约5分钟至饼皮上色，取出后表面刷上蛋黄液（分量外），继续烤8~10分钟即可。

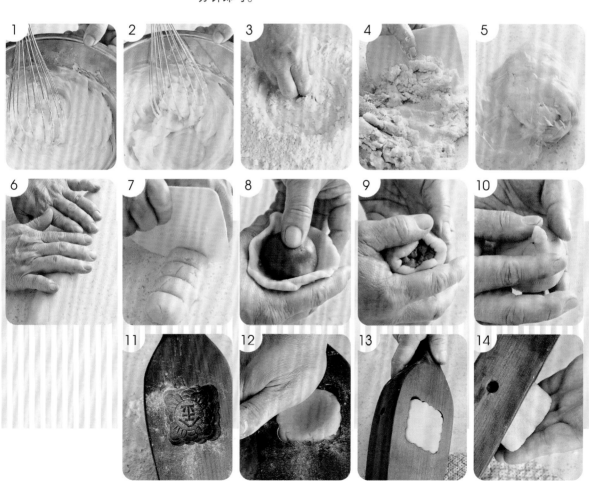

三色羊羹

成品数量 | 长20厘米×宽10厘米×高5厘米平盘3个　　保质期 | 冷藏5~7天

● 外皮材料

石花菜150克
水4000克
麦芽糖200克
冰糖240克

● 内馅材料

A 基本红豆沙馅600克
　 蜜红豆100克
B 基本白豆沙馅600克
　 蜜红豆100克
C 原味抹茶馅600克

● 做法

1. 3种内馅请分别参照P64基本红豆沙馅、P70基本白豆沙馅以及P108原味抹茶馅制作备用。

2. 石花菜洗净，和水一起放入大锅中，以大火煮滚后转小火，续煮约40～50分钟，至呈浓稠状即可熄火，用纱布滤出石花冻水备用。

3. 石花冻水加入麦芽糖与冰糖，以小火煮至糖完全溶化，即为石花冻糖糊，均分为3等份（每份约800克）备用。

4. 将3份石花冻糖糊放入3个锅中，分别加入基本红豆沙馅、基本白豆沙馅与原味抹茶馅，以小火煮至豆沙溶化，熄火后倒入3个平盘。

5. 分别于红豆沙及白豆沙口味的盘中均匀撒入蜜红豆，3份均静置待其冷却凝固后，即可切块食用。

 料理小秘诀

1. 本道配方煮出来的石花冻水约2400克，亦可加入适量蜂蜜或糖水，就是一道清凉消暑的饮品。
2. 以石花菜作为制作羊羹的凝结剂，不但品尝时口感好、质地弹性佳，更具有退火降血压的功效。
3. 蜜红豆也可加入石花冻糊中拌匀再盛盘，但白豆沙口味最好以撒入的方式，成品色泽会比较干净，不浑浊。

豆沙栗子饼

成品数量 | 24个　保质期 | 冷藏7天

●外皮材料

A 高筋面粉20克
　低筋面粉180克
　可可粉10克
B 全蛋1个
　蛋黄1个
　细砂糖40克
C 奶油40克
　炼乳50克
D 泡打粉2克
　小苏打粉1克
　水5克

●内馅材料

日式红豆粒馅540克
糖渍栗子6颗

●做法

1. 内馅请参照P68日式红豆粒馅制作备用。

2. 外皮材料A混合过筛备用（图1）。

3. 将外皮材料B的蛋与蛋黄置于钢盆中打散，加入细砂糖，隔水加热一边搅拌均匀，加温到60℃时，离火加入外皮材料C拌溶，浸泡在冷水中冷却（图2～图4）。

4. 将外皮材料D拌匀溶解，加入做法3的蛋液中拌匀，再加入做法2材料搅拌均匀即为面皮，装入塑胶袋密封，放入冰箱冷藏松弛30分钟（图5、图6）。

5. 栗子用纸巾吸干水分后切细丁，与日式红豆粒馅拌匀，搓成长条状后，分切成24等份（每个25克），搓圆备用（图7）。

6. 将面皮取出分切成24等份（每个15克），搓圆后压扁成圆面皮，如图所示包入内馅后收口捏紧，接口朝下放置，整形成椭圆形（图8～图13）。

7. 全部材料依上述方式包好，排入烤盘，表面刷上蛋黄水（分量外），放入已预热烤箱，以上火180℃、下火160℃，烘烤20～25分钟，至表面呈金黄色即可。

应用示范

125

地瓜大福

成品数量 │ 12个　　保质期 │ 室温1~2天或冷冻7天

●外皮材料

糯米粉250克
水250克
细砂糖100克
麦芽糖50克
水120克

●内馅材料

地瓜块馅720克

●外沾材料

玉米粉适量

●做法

1. 内馅请参照P89地瓜块馅制作，并分切成每个60克，分别搓圆备用（图1）。

2. 将糯米粉与水放入大碗中拌匀成米浆糊，倒入抹一层薄油的浅盘中。

3. 蒸笼锅内水滚后，将做法2的米浆糊放入蒸笼中，以大火蒸30分钟至熟透。

4. 将蒸好的麻薯取出放入锅中，趁热分次加入细砂糖与麦芽糖，用擀面棍搅拌至光滑均匀，最后再分次加入水搅拌均匀，拌到水分完全吸收，即为麻薯皮。

5. 将麻薯皮置于撒上玉米粉的浅盘中，以防粘连。

6. 每次取约60克的麻薯皮，先稍微拉开麻薯皮，中央包入1个地瓜块馅，左手拇指向下压，利用右手虎口将收口捏合，将麻薯整形成圆球状，外表再沾上少许玉米粉即可（图2～图7）。

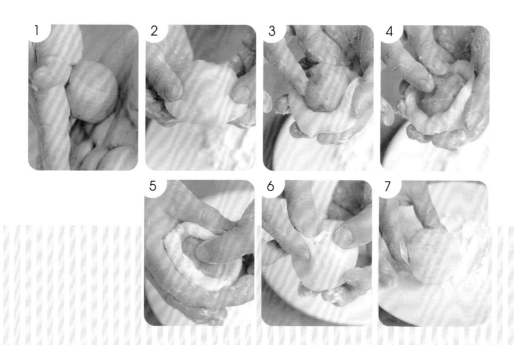

料理小秘诀

1. 水的分量可视情况加减，主要是用来调整麻糬皮的软硬度，外皮材料中的水不一定要全部加完。

2. 包馅时可先在双手沾上少许玉米粉，以防粘手。

图书在版编目（CIP）数据

吃馅儿：手工馅料黄金配方 / 颜金满著. —— 北京：
中国纺织出版社有限公司，2021.2
（尚锦好吃系列）
ISBN 978-7-5180-8106-6

Ⅰ．①吃… Ⅱ．①颜… Ⅲ．①馅心 – 制作 Ⅳ．
①TS972.132

中国版本图书馆CIP数据核字（2020）第209660号

原书名：手作馅料
原作者名：颜金满
©台湾邦联文化事业有限公司，2016
本书中文简体出版权由台湾邦联文化事业有限公司授权，
同意由中国纺织出版社有限公司出版中文简体字版。非经
书面同意，不得以任何形式任意重制、转载。
著作权合同登记号：图字：01-2017-7141

责任编辑：舒文慧　　　　责任校对：高　涵
责任印制：工艳丽　　　　装帧设计：水长流文化

中国纺织出版社有限公司出版发行
地址：北京市朝阳区百子湾东里A407号楼　　邮政编码：100124
销售电话：010 – 67004422　　传真：010 – 87155801
http://www.c-textilep.com
中国纺织出版社天猫旗舰店
官方微博http://weibo.com/2119887771
北京华联印刷有限公司印刷　各地新华书店经销
2021年2月第1版第1次印刷
开本：787×1092　1 / 16　印张：8
字数：139千字　定价：68.00元

凡购本书，如有缺页、倒页、脱页，由本社图书营销中心调换